Rによる機械学習入門

金森 敬文 著

本書に掲載されている会社名・製品名は，一般に各社の登録商標または商標です．

本書を発行するにあたって，内容に誤りのないようできる限りの注意を払いましたが，本書の内容を適用した結果生じたこと，また，適用できなかった結果について，著者，出版社とも一切の責任を負いませんのでご了承ください．

本書は，「著作権法」によって，著作権等の権利が保護されている著作物です．本書の複製権・翻訳権・上映権・譲渡権・公衆送信権（送信可能化権を含む）は著作権者が保有しています．本書の全部または一部につき，無断で転載，複写複製，電子的装置への入力等をされると，著作権等の権利侵害となる場合があります．また，代行業者等の第三者によるスキャンやデジタル化は，たとえ個人や家庭内での利用であっても著作権法上認められておりませんので，ご注意ください．
本書の無断複写は，著作権法上の制限事項を除き，禁じられています．本書の複写複製を希望される場合は，そのつど事前に下記へ連絡して許諾を得てください．

(社)出版者著作権管理機構
(電話 03-3513-6969，FAX 03-3513-6979，e-mail：info@jcopy.or.jp)

JCOPY ＜(社)出版者著作権管理機構 委託出版物＞

まえがき

　本書の目標は，統計解析言語"R"を使って，機械学習のいろいろな手法を実際に動かしながら身につけることです．現在，データ解析のための多くのツールが無償で提供されています．また，大規模なデータに比較的容易にアクセスできるネットワーク環境は，当たり前のものになっています．このため，データ解析の手法を試してみることについて，それほど敷居は高くありません．しかし，そのような状況では，さまざまなツールを単なるブラックボックスとしてデータ解析に適用し，誤った解釈を導いてしまう危険性もあります．本書では，機械学習の代表的な手法について，中身を理解して使うことに主眼を置いています．

　R言語は，主に統計的データ解析のために開発されたソフトウェアです．近年，科学技術分野や社会科学分野だけでなく，ビジネスの場面でもデータ解析ツールとして利用されています．こうした背景から，データを解析したいと思ったときは，ウェブで検索すればほとんどの場合，必要なパッケージ（ライブラリ）やプログラムコードをすぐに見つけることができます．機械学習の手法のためのパッケージも充実しており，インストールも簡単です．また，C言語など他言語で書かれたプログラムをRから呼び出して使うこともできます．RはLinuxなどのUNIXシステム，MacOS，Windowsなど，メジャーなプラットフォーム上で動作し，さまざまな計算機環境に対応しています．

　本書で扱っているRのコードは，以下のオーム社のウェブページ，もしくは著者のサポートページからダウンロードできます．

オーム社ホームページ：http://www.ohmsha.co.jp/
画面上部の「ダウンロード」をクリックして，書名の頭文字へのリンク「R」から，本書『Rによる機械学習入門』のページへ進んでください．

これらのRコードは，MacOS 10.12，CentOS 6.9 (Linux 2.6.32)，Windows 7，Windows 10 上のR ver. 3.4.1 で動作確認を行っています．

本書では，まず第I部でRの使い方を簡単に紹介します．1章でRによる計算法を示し，2章で確率や統計の基礎事項を説明します．続く第II部では，統計的データ解析に関する基礎事項を紹介します．3章では，機械学習や統計学の問題設定を説明します．4章では，さまざまなデータ解析の結果を定量的に評価するための枠組みを示します．続く5〜7章では，主成分分析などデータを簡潔に記述するための方法や統計的モデリングの考え方，また，仮説検定など標準的な統計学に関する事項を解説します．第III部の8〜14章では，機械学習で発展しているさまざまな話題について紹介します．ここでは，回帰分析，クラスタリング，サポートベクトルマシン，スパース学習，決定木，アンサンブル学習，ガウス過程モデル，密度比推定などの手法を解説します．また，代表的なRパッケージを用いて，データ解析の例を示します．近年注目されている深層学習に関連する話題として，13章でベイズ最適化を扱います．

本書を読むための予備知識として，大学初年度で学習する行列やベクトルの計算にある程度慣れていることを想定しています．計算機に関しては，ウェブからソフトウェアをダウンロードしてインストールし，実行するなどの手順が必要になります．Rについては多くのサポートページがあるので，それらを参照することで，Rによるデータ解析をスムーズに始めることができるでしょう．

最後になりますが，本書の執筆では多くの方々にお世話になりました．Rに関する有益な情報を書籍やウェブなどで発信している方々に感謝いたします．原稿を精読し，多くの貴重なコメントをくださった松井孝太先生に感謝いたします．また，オーム社書籍編集局には，本書の企画から出版まで終始お世話になりました．ここに厚く御礼申し上げます．

2017年10月

金森　敬文

目次

まえがき iii

第 I 部　R による計算

第 1 章　R の使い方　　3
- 1.1　R の基礎 3
- 1.2　R による計算 5
- 1.3　関数・制御コマンド 12
- 1.4　プロット 14

第 2 章　確率の計算　　17
- 2.1　確率の考え方 17
- 2.2　標本空間と確率分布 18
- 2.3　連続な確率変数と確率密度関数・分布関数 21
- 2.4　期待値と分散 24
- 2.5　分位点 26
- 2.6　多次元確率変数 28
- 2.7　独立性 30
- 2.8　共分散・相関係数 32
- 2.9　条件付き確率・ベイズの公式 35

第 II 部　統計解析の基礎

第 3 章　機械学習の問題設定　39
3.1　教師あり学習　39
3.1.1　判別問題　39
3.1.2　回帰分析　41
3.2　教師なし学習　42
3.2.1　特徴抽出　42
3.2.2　分布推定　43
3.3　損失関数の最小化と学習アルゴリズム　44

第 4 章　統計的精度の評価　47
4.1　損失関数とトレーニング誤差・テスト誤差　47
4.2　テスト誤差の推定：交差検証法　50
4.3　ROC 曲線と AUC　54
4.3.1　定義　54
4.3.2　AUC とテスト誤差　57

第 5 章　データの整理と特徴抽出　59
5.1　主成分分析　59
5.2　因子分析　63
5.3　多次元尺度構成法　66

第 6 章　統計モデルによる学習　73
6.1　統計モデル　73
6.2　統計的推定　75
6.3　最尤推定　77
6.4　最尤推定量の計算法　78
6.4.1　例：一様分布のパラメータ推定　79

6.4.2	例：統計モデルのパラメータ推定	81
6.5	混合モデルと EM アルゴリズム	84
6.6	ベイズ推定	90

第 7 章　仮説検定　　　　　　　　　　　　　　　　　　　93

7.1	仮説検定の枠組み	93
7.2	ノンパラメトリック検定	99
7.3	分散分析	103

第 III 部　機械学習の方法

第 8 章　回帰分析の基礎　　　　　　　　　　　　　　　　109

8.1	線形回帰モデル	109
8.2	最小 2 乗法	111
8.3	ロバスト回帰	113
8.4	リッジ回帰	117
8.5	カーネル回帰分析	122

第 9 章　クラスタリング　　　　　　　　　　　　　　　　129

9.1	k 平均法	129
9.2	カーネル k 平均法	133
9.3	スペクトラルクラスタリング	136
	9.3.1　グラフの切断とクラスタリング	136
	9.3.2　アルゴリズム	137
	9.3.3　局所性保存射影と多次元尺度構成法	142
9.4	混合正規分布によるクラスタリング	143

第 10 章　サポートベクトルマシン　147

- 10.1　判別問題　147
- 10.2　2 値判別のサポートベクトルマシン　150
  - 10.2.1　線形分離可能なデータの学習　150
  - 10.2.2　線形分離不可能なデータとソフトマージン　152
- 10.3　カーネルサポートベクトルマシン　156
- 10.4　モデルパラメータの選択　158
- 10.5　多値判別　161

第 11 章　スパース学習　167

- 11.1　L_1 正則化とスパース性　167
- 11.2　L_1 正則化による学習　172
  - 11.2.1　エラスティックネット　172
  - 11.2.2　フューズドラッソ　174
- 11.3　スパースロジスティック回帰　177
- 11.4　条件付き独立性とスパース学習　180
- 11.5　辞書学習　184

第 12 章　決定木とアンサンブル学習　191

- 12.1　決定木　191
- 12.2　バギング　196
- 12.3　ランダムフォレスト　199
- 12.4　ブースティング　201
  - 12.4.1　アルゴリズム　202
  - 12.4.2　アルゴリズムの導出　208
  - 12.4.3　ブースティングによる確率推定　210

第 13 章　ガウス過程モデル　215

- 13.1　ベイズ推定とガウス過程モデル　215
- 13.2　ガウス過程モデルによる回帰分析　218

13.3 ガウス過程モデルによる判別分析 220
     13.3.1 事後分布の近似 222
     13.3.2 予測分布の近似 223
  13.4 ベイズ最適化 225
     13.4.1 ベイズ最適化とガウス過程モデル 226
     13.4.2 ベイズ最適化によるモデル選択 227

第 14 章　密度比推定　　231

  14.1 密度比とその応用 231
  14.2 密度比の推定 232
  14.3 密度比推定のための交差検証法 238
  14.4 共変量シフトのもとでの回帰分析 241
  14.5 2 標本検定 244

付録：ベンチマークデータ　　251

参考文献　　253

コマンド・関数索引　　255

用語索引　　258

第 I 部

R による計算

第1章 Rの使い方

本章ではRの基本的な使い方について紹介します．Rに関する書籍やウェブサイトは多数あります．例えば以下を参照してください．

- Rの入手やインストールについて
    - https://cran.r-project.org/
- Rの使い方
    - http://www.okadajp.org/RWiki/
    - http://cse.naro.affrc.go.jp/takezawa/r-tips/r2.html
- Rのプログラミングについては，文献 [1], [2] などがあります．

そのほかに，[3] の付録Aなどを参照してください．

1.1 Rの基礎

Rのアイコンをクリックするか，ターミナルから "R" と入力してリターンキーを押すとRが起動し，次のような画面が表示されます．

```
R version 3.4.1 (2017-06-30) -- "Single Candle"
Copyright (C) 2017 The R Foundation for Statistical Computing
Platform: x86_64-apple-darwin15.6.0 (64-bit)

R は、自由なソフトウェアであり、「完全に無保証」です。
一定の条件に従えば、自由にこれを再配布することができます。
配布条件の詳細に関しては、'license()' あるいは
'licence()' と入力してください。

R は多くの貢献者による共同プロジェクトです。
```

```
詳しくは 'contributors()' と入力してください.
また、R や R のパッケージを出版物で引用する際の形式については
'citation()' と入力してください.

'demo()' と入力すればデモをみることができます.
'help()' とすればオンラインヘルプが出ます.
'help.start()' で HTML ブラウザによるヘルプがみられます.
'q()' と入力すれば R を終了します.
>
```

デモを見るには **demo** を使います．以下で，# 以降はコメントとして実行時は無視されます．

```
> demo(graphics)      # graphics に関するデモ（表示は省略）
```

終了するときは **q** を使います．

```
> q()
Save workspace image? [y/n/c]:
```

ここで y を選ぶと，現在のディレクトリに .Rhistory というファイルが生成され，コマンド履歴が保存されます．また，c を選ぶと終了はキャンセルされ，セッションが継続します．

本書では R のパッケージを利用します．パッケージとは，汎用性の高い統計手法を，R から利用可能なプログラムとしてまとめたものです．必要なパッケージは **install.packages** を使ってインストールできます．ダウンロードするミラーサイトを選べば自動的にインストールされます．

```
> # カーネル法のパッケージ kernlab がないとき
> library(kernlab)              # kernlab を読み込み
 library(kernlab) でエラー：
     'kernlab' という名前のパッケージはありません
```

```
> install.packages('kernlab')      # インストール (表示は省略)
> library(kernlab)                 # 今度はエラーは出ない
```

update.packages で最新のパッケージに更新することができます．

Rを起動すると，標準的な関数を含む base パッケージなどが自動的に読み込まれます．読み込んでいるパッケージを調べるには **search** を使います．

```
> search()
 [1] ".GlobalEnv"         "package:stats"      "package:graphics"
 [4] "package:grDevices"  "package:utils"      "package:datasets"
 [7] "MacJapanEnv"        "package:methods"    "Autoloads"
[10] "package:base"
```

1.2　Rによる計算

四則演算は標準的な +, -, *, / で計算できます．その他，べき乗 ^，剰余に関する演算 %%, %/% などがあります．x*10^n とする代わりに xen とする記法もあります．比較演算子には ==, !=, >, >=, <, <=, 論理演算子には &, &&, |, ||, xor があります．コマンドの使い方は ? で調べることができます．

```
> ?Arithmetic          # 基本的な演算のマニュアル
> ?Comparison          # 比較演算子のマニュアル
> ?base::Logic         # 論理演算子のマニュアル
```

簡単な計算をしてみましょう．

```
> 1-2; 10^2 * 1e-3 * 1.23e2
[1] -1
[1] 12.3
> 0^0                      # python とは異なるので注意
[1] 1
> 1/Inf                    # Inf は無限大
```

```
[1] 0
> pi                           # 円周率
[1] 3.141593
> options(digits=22)           # 表示桁数の変更
> pi
[1] 3.1415926535897931115998
> # 比較演算子
> 1==1
[1] TRUE
> 1!=1
[1] FALSE
> Inf==Inf
[1] TRUE
> -Inf<1 & 1<Inf               # AND 演算子
[1] TRUE
```

A&B と A&&B はともに "A and B" を表しますが,動作が少し違います.A&B は A と B の両方を評価します.一方,A&&B は A が FALSE なら全体も FALSE になることが分かるので,B は評価されません."A or B" を表す A|B と A||B の違いも同様です.

```
> (2<1) & a                    # 使われていない変数 a も評価される
 エラー:  オブジェクト 'a' がありません
> (2<1) && a                   # 2<1 が FALSE なので変数 a は評価されない
[1] FALSE
>
> (2>1) | v                    # 使われていない変数 v も評価される
 エラー:  オブジェクト 'v' がありません
> (2>1) || v                   # 2>1 が TRUE なので変数 v は評価されない
[1] TRUE
```

次に,計算をするときの数値の扱いについて説明しましょう.データ型には実数,整数,複素数,文字列,論理値などがあります.また,データ構造にはベクトル,行列,配列,リスト,データフレームなどがあります.変数への代入には = のほかに <- も使えます.ベクトルの次元は **length**,行列や配列のサイズは **dim** によって調べることができます.

```
> x <- c(4,-1)                   # x にベクトル (4,-1) を代入
> -3:4                            # -3 から 4 までの整数を要素に持つベクトル
 [1] -3 -2 -1  0  1  2  3  4
> # ベクトルを行方向に結合して行列を生成
> rbind(c(1,2),c(3,4))
     [,1] [,2]
[1,]    1    2
[2,]    3    4
> X <- cbind(c(1,2),c(3,4))       # 列ベクトルとして結合
> rbind(X,c(-1,-2))               # 行列とベクトルを行方向に結合
     [,1] [,2]
[1,]    1    3
[2,]    2    4
[3,]   -1   -2
> A <- matrix(1:12,3,4)           # 要素とサイズを指定して行列を生成
> A
     [,1] [,2] [,3] [,4]
[1,]    1    4    7   10
[2,]    2    5    8   11
[3,]    3    6    9   12
> dim(A)                          # A のサイズ
[1] 3 4
> # 配列の生成 (出力は省略)
> array(1:18,dim=c(2,3,3))
```

上の実行例で，c は与えられた数字などを結合してベクトルにする関数です．

ベクトル v の成分は v[2] などとすると取り出せます．条件を満たす要素のインデックスを取り出す関数は **which** です．

```
> v <- rep(1:5,3)                 # ベクトル v を生成
> v
 [1] 1 2 3 4 5 1 2 3 4 5 1 2 3 4 5
> v[3]                            # 第 3 要素
[1] 3
> v[3:8]                          # 第 3 要素から第 8 要素
[1] 3 4 5 1 2 3
> which(v==2)                     # 2 に等しいのは v[2],v[7],v[12]
[1]  2  7 12
```

```
> v[which(v==2)]
[1] 2 2 2
> A <- matrix(1:12,3,4)          # 行列 A
> A[2,]                          # 第 2 行
[1]  2  5  8 11
> A[,c(2,4)]                     # 第 2,4 列
     [,1] [,2]
[1,]    4   10
[2,]    5   11
[3,]    6   12
> A[2,4]                         # (2,4) 成分
[1] 11
```

行列 A の列を A[,4] のように指定すると，結果はベクトルとして得られます．行列の形式で受け取るには，drop オプションを FALSE にします．行列の列（行）ベクトルを抽出して計算を進めるときは，型について注意してください．

```
> A[,4]
[1] 10 11 12
> A[,4,drop=FALSE]
     [,1]
[1,]   10
[2,]   11
[3,]   12
> A[2,,drop=FALSE]
     [,1] [,2] [,3] [,4]
[1,]    2    5    8   11
```

リストは，ベクトルや行列などをまとめて格納できるデータ構造です．リストの要素を取り出すには二重カッコを使います．一重カッコを使うと要素がリストとして返されます．

```
> a <- list(2:5, matrix(1:12,3,4), letters)   # リストのデータを定義
> length(a)
[1] 3
> a                                            # a の要素を表示
```

```
[[1]]
[1] 2 3 4 5

[[2]]
     [,1] [,2] [,3] [,4]
[1,]    1    4    7   10
[2,]    2    5    8   11
[3,]    3    6    9   12

[[3]]
 [1] "a" "b" "c" "d" "e" "f" "g" "h" "i" "j" "k" "l" "m" "n" "o" "p"
"q" "r" "s"
[20] "t" "u" "v" "w" "x" "y" "z"

> a[1]          # a の 1 番目の要素. 返り値はリスト
[[1]]
[1] 2 3 4 5

> a[[1]]        # a の 1 番目の要素. 返り値はベクトル
[1] 2 3 4 5
```

リストの要素に（番号ではなく）名前を付けることができます．この場合，要素の指定には $ を使います．返り値は二重カッコで指定するときと同じです．

```
> b <- list(x=c(3,-1,2), y=3)    # リストを定義. 要素に名前を付ける
> b
$x
[1]  3 -1  2
$y
[1] 3
> b$x
  [1]  3 -1  2
> b[[1]]                         # b$x と同じ
[1]  3 -1  2
> b[1]                           # 要素 x をリスト型で返す
$x
[1]  3 -1  2
```

あらかじめ要素数が決まっているリストを作るには **vector** を使います．

```
> alphabet <- vector("list",26)    # 要素数 26 の（カラの）リスト
> length(alphabet)                 # 要素数 26
[1] 26
> names(alphabet) <- letters       # 26 個の要素にアルファベットで名前を付ける
> alphabet                         # 値を出力
$a
NULL

$b
NULL

以下，省略
```

データフレームは行列に似ていますが，列ごとに，リストのように異なるデータ型を扱うことができます．このため，統計データの解析に便利です．

```
> x <- matrix(rnorm(2*3),2)        # 2 × 3 行列を作成．rnorm は乱数生成
> d <- data.frame(x,LETTERS[2:3])  # 文字列型のデータを第 4 列に追加
> d                                # 1～3 列は数値，4 列は文字列
        x.1       x.2        x.3 l
1 -1.8292754 0.5371864 -0.8217827 B
2  0.9935698 1.4029496  0.8065914 C
> m <- cbind(x,LETTERS[2:3])       # 行列のまま文字列を第 4 列に追加
> m                                # すべての要素のデータ型が変換される
     [,1]                 [,2]                 [,3]                  [,4]
[1,] "-1.82927539925659"  "0.537186393612529"  "-0.821782692193467"  "B"
[2,] "0.99356978182923"   "1.40294956821548"   "0.80659138479468"    "C"
>
> # 有名なフィッシャーの iris(アヤメ) データ
> iris[1:3,]                       # 第 5 列はファクター（因子）型
  Sepal.Length Sepal.Width Petal.Length Petal.Width Species
1          5.1         3.5          1.4         0.2  setosa
2          4.9         3.0          1.4         0.2  setosa
3          4.7         3.2          1.3         0.2  setosa
```

行列の演算を紹介しましょう．行列の掛け算は **%*%**, 転置は **t** です．線形方程式の解を求めたり，逆行列の計算をするには **solve** を使います．

```
> A <- matrix(1:12,3,4)
> B <- A %*% t(A)/100
> diag(B) <- 1                  # B の対角成分に 1 を代入
> d <- c(1,0,-1)                # ベクトル d を作成
> solve(B,d)                    # Bx=d を解く
[1] -1.1482549  0.2580852  0.7919308
> solve(B,matrix(d))            # d を行列にして Bx=d を解く（結果は同じ）
           [,1]
[1,] -1.1482549
[2,]  0.2580852
[3,]  0.7919308
```

固有値，固有ベクトルは **eigen** を使って計算できます．結果はリストで返されます．

```
> ei <- eigen(B)                # 上の行列 B の固有値と固有ベクトルを計算
> ei                            # 結果はリストで返される
eigen() decomposition
$values
[1]  5.2605490 -0.8299549 -1.4305941

$vectors
           [,1]       [,2]       [,3]
[1,] -0.5514407  0.8118748 -0.1917617
[2,] -0.5807010 -0.5386151 -0.6104753
[3,] -0.5989153 -0.2252847  0.7684708

> ei$values                     # 固有値のみ表示
[1]  5.2605490 -0.8299549 -1.4305941
```

ほかにも行列に関するさまざまな演算が用意されています．例えばコレスキー分解を計算する **chol** や特異値分解を計算する **svd** などがあります．

R では，行列演算が効率的に計算できるように実装されています．できるだけ行列演算を使うようにプログラムを書くことが，高速化のコツです．

1.3 関数・制御コマンド

数値計算のための標準的な関数や，プログラミングに必要な制御コマンドが提供されています．

関数：`sum`, `mean`, `max`, `min`, `sqrt`, `abs`, `exp`, `log`, `cos`, `sin`, `tan`, `acos`, `asin`, `atan` など

制御：`if`, `else`, `switch`, `for`, `while`, `break`, `repeat` など

関数 `sum, mean, max, min` は，それぞれベクトル（または行列）の要素の総和，平均，最大値，最小値を返します．上記のその他の関数は，ベクトル型や行列型が与えられたとき，要素ごとに計算した結果を返します．

```
> a <- c(3,-2,4,1,9)                    # ベクトル a を生成
> sum(a)                                 # a の要素の総和
[1] 15
> mean(a)                                # a の要素の平均
[1] 3
> sqrt(2)                                # 2 の平方根
[1] 1.414214
> sqrt(5:8)                              # sqrt をベクトル (5,6,7,8) に適用
[1] 2.236068 2.449490 2.645751 2.828427
> log(matrix(1:12,3))                    # log を行列に適用
          [,1]     [,2]     [,3]     [,4]
[1,] 0.0000000 1.386294 1.945910 2.302585
[2,] 0.6931472 1.609438 2.079442 2.397895
[3,] 1.0986123 1.791759 2.197225 2.484907
```

新しく関数を定義するには `function` を使います．

```
> # 関数名：parity
> parity <- function(x){
+   if(x%%2==0){                         # if で条件分岐
+     print('偶数')
+   }else if(x%%2==1){
```

1.3 関数・制御コマンド

```
+     print('奇数')
+   }else {
+     print('整数でない')
+   }
+ }
> parity(2)
[1] "偶数"
> parity(-3)
[1] "奇数"
> parity(pi)
[1] "整数でない"
```

条件分岐のほかに，**for** や **while** など，繰り返しのための制御コマンドを使用することができます．

```
> # for の構文 (出力は省略)
> s <-0; for(i in 1:10){       # 1 から 10 までの和を計算
+   s <- s+i
+   print(s)
+ }
> s==sum(1:10)                  # sum を使えば同じ計算ができる
 [1] TRUE
> # 同じ計算を while で実行
> i <- 1; s <-0; while(i<=10){
+   s <- s+i
+   i <- i+1
+ }
> s
[1] 55
```

詳細はマニュアルを参照してください．

```
> ?Control           # for, while など制御コマンドのマニュアル
```

R を起動してコマンドを 1 行ずつ入力するのではなく，一つのファイルにまとめて一括して実行することもできます．ある程度の長さのプログラムを作成する

ときは，ファイルに記述し，必要なときに呼び出して実行するのが一般的です．このためには，**source** を使います．上で定義した **parity** を "Rcode-parity.r" というファイルに保存して実行してみましょう．

```
# ファイル名 Rcode-parity.r で保存
parity <- function(x){
  if(x%%2==0){                  # if で条件分岐
    print('偶数')
  }else if(x%%2==1){
    print('奇数')
  }else {
    print('整数でない')
  }
}
```

ファイル Rcode-parity.r を保存してあるディレクトリで R を起動します．

```
> source('Rcode-parity.r')    # Rcode-parity.r を読み込み
> parity(3)                    # parity を実行
[1] "奇数"
```

本書で示す例の多くは，1 行ごとにコマンドを入力して実行した結果を掲載しています．上記のようにプログラムをファイルに保存しておけば，簡単に編集することができ，**source** で読み込んで実行できるので便利です．

1.4 プロット

プロットはデータ解析の基本です．データや解析結果をプロットすることで，直感的な解釈やより適切なモデリングの指針が得られることがあります．本節では **plot**，**curve** の使い方を紹介します．

iris データをプロットします（図 1.1）．

```
> plot(iris[,-5])
```

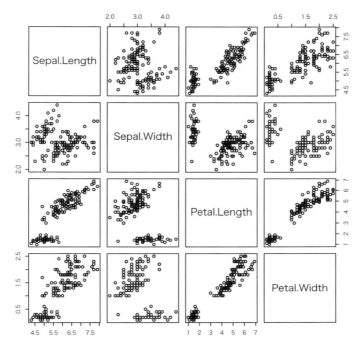

図 1.1 iris データのプロット

irisのデータ構造はデータフレームなので，2変数ごとに散布図が表示されます．plotに与えるデータが行列である場合は，第1列を第1座標，第2列を第2座標として2次元プロットを表示します．

```
> x <- matrix(rnorm(50*3),50)    # 行列を作成
> plot(x)                         # 行列を与えてプロット
> plot(data.frame(x))             # データフレームを与えてプロット
```

関数のプロットには **curve** や **plot** を使うことができます．

```
> curve(sin(x),xlim=c(-3,3))      # curve で sin(x) を表示
> # 同じ関数を plot で表示
> x <- seq(-3,3,l=100)            # -3 から 3 まで等間隔に 100 個の点をとる
> plot(x,sin(x),type='l')         # sin(x) をプロット
```

plot の type オプションを line（'l' と省略可）とすると，線で結ばれます．何も指定しないと，iris データの例のように点がプロットされます．line オプションを指定するときは，点をソートしておかないと所望のプロットが得られないこともあります．

```
> x <- rnorm(100); y <- sin(x)              # 乱数でデータを生成
> plot(x,y,type='l')                        # type を 'line' に指定してプロット
> plot(sort(x),y[order(x)],type='l')        # データをソートしてプロット
```

plot には多くのオプションがあります．詳しくはマニュアルを参照してください．

```
> ?plot            # plot のマニュアル
> ?plot.default    # 詳しいマニュアル
```

第2章
確率の計算

統計学や機械学習ではランダムなデータを扱います．「ランダム」とは「確率的」ということを意味します．本章では，確率の計算について初歩から説明します．ランダムな事象に慣れるため，R による乱数の生成なども紹介します．参考文献として，確率や統計の基礎については文献 [4]，R の関数を使った統計解析については [3], [5], [6] を挙げておきます．

2.1　確率の考え方

　ランダムな事柄として，サイコロ投げやコイン投げの例がよく紹介されます．コイン投げを古典力学に従うプロセスと考えてみましょう．コインを投げた瞬間のさまざまな条件（コインの質量の偏り，投げる角度と速度，床の状況など）がすべて正確に分かっていれば，表と裏のどちらが出るか，結果を見る前に分かるはずです．しかし，現実には，それらの条件を厳密に測定することは，ほとんど不可能です．ほぼ同じ条件でコインを投げたとしても，1 回ごとに表か裏かを正確に予測することは難しいでしょう．しかし，何度も投げると，だいたいの傾向が分かってきます．例えば 100 回コインを振って表が 60 回くらい，裏が 40 回くらい観測されるなら，表のほうが出やすい傾向があると言えるでしょう．このような状況を記述するのに，確率の考え方が役立ちます．

　確率的な事象を数学的に厳密に取り扱うためには，少し準備が必要になりま

す．本書では確率に関して厳密な定義はせず，素朴な定義と計算方法，その解釈などを中心に解説していきます．

2.2　標本空間と確率分布

ここでは，確率的な事象を記述するための用語を定義します．

観測される可能性のあるすべての事柄を集めた集合を，**標本空間**といいます．通常，標本空間を表すのに記号 Ω を用います．

コイン投げの例では

$$\Omega = \{ \text{表}, \text{裏} \}$$

となり，サイコロ投げでは

$$\Omega = \{1, 2, 3, 4, 5, 6\}$$

となります．長さや重さを扱うときは，標本空間は非負の実数全体

$$\Omega = \{x \in \mathbb{R} | x \geq 0\}$$

となりますが，理論的な扱いやすさを優先し，標本空間を実数値全体，すなわち $\Omega = \mathbb{R}$ とすることもあります．

標本空間の要素に値をとる変数を，**確率変数**といいます．例えば，コイン投げで $\Omega = \{ \text{表}, \text{裏} \}$ とします．ここで，表が出る確率が 0.6，裏が出る確率が 0.4 であるような，少し偏ったコインを考えます．1 回のコイン投げの結果を確率変数 X で表します．このとき，

$$\Pr(X = \text{表}) = 0.6, \quad \Pr(X = \text{裏}) = 0.4$$

となります．ここで $\Pr(A)$ は，A という事象が起こる確率の値を意味します．上の式は「$X = \text{表}$」という事象が起こる確率が 0.6，「$X = \text{裏}$」という事象が起こる確率が 0.4 であることを示しています[*1]．

[*1] 確率変数は，通常アルファベットの大文字で表されます．本書では確率変数を表すのに大文字と小文字の両方を使用します．

標本空間 Ω,確率変数 X,確率 Pr について,次の 1 ～ 3 の性質が成り立ちます[*2].

> **確率の性質**
>
> 1. 集合 $A \subset \Omega$ に対して $0 \leq \Pr(X \in A) \leq 1$.
> 2. 全集合 Ω の確率は 1,すなわち $\Pr(X \in \Omega) = 1$.
> 3. 互いに排反な集合 A_i $(i = 1, 2, 3, \ldots)$ に対して
>
> $$\Pr(X \in \cup_i A_i) = \sum_i \Pr(X \in A_i).$$
>
> ここで,互いに排反とは,$i \neq j$ に対して $A_i \cap A_j = \emptyset$ が成り立つことを意味する.下図で,A_1 と A_2 は互いに排反である.
>
>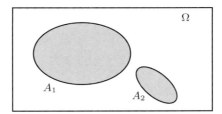

着目している確率変数 X が明らかな場合には,簡単のため,$\Pr(X \in A)$ を $\Pr(A)$ と表すこともあります.

例 2-1 [確率の計算]　$\Omega = \{1, 2, 3, 4, 5, 6\}$ とします.Ω に値をとる確率変数を X とすると,確率の性質 3 より,

$$\Pr(X \in \{1, 4\}) = \Pr(X = 1) + \Pr(X = 4)$$

などの等式が成り立ちます.同様にして,$\Pr(X \in A)$ の値を

$$\Pr(X \in A) = \sum_{a \in A} \Pr(X = a)$$

から計算することができます.　□

[*2] 確率論では,これらの性質を「確率空間の定義」として理論を展開します.

例 2-2 [サイコロ投げのシミュレーション]

Rを用いてサイコロ投げの振る舞いを観察しましょう．サイコロの目は等確率で出るとします．ランダムに要素を取り出す関数 sample を用いてサイコロ投げをシミュレートすると，次のようになります．

```
> sample(1:6,10,replace=TRUE)
 [1] 1 1 2 6 3 2 2 6 2 6
> sample(1:6,10,replace=TRUE)
 [1] 5 2 2 1 3 2 1 4 6 6
```

この例では，10回サイコロを振るという試行を2回行いました．関数 sample の最初の引数 1:6 は，標本空間 Ω が $\{1,2,3,4,5,6\}$ であることを意味します．オプションで replace=TRUE を指定すると，復元抽出（Ω から同じ要素を何度でも取り出せる）によるサンプリングを行います．ただし，デフォルトでは replace=FALSE，すなわち非復元抽出になっていることに注意してください．非復元抽出にすると，以下のようにエラーが出ます．

```
> sample(1:6,10)
 sample.int(length(x), size, replace, prob) でエラー:
  'replace = FALSE' なので、母集団以上の大きさの標本は取ることができません
```

これは，標本空間の要素数（この場合は6）より標本を取り出す回数（この場合は10）のほうが大きくなっているからです．試行回数を要素数以下にすると，

```
> sample(1:6,5)
[1] 4 6 5 3 1
```

のような結果が得られます．1から6をランダムに並べて，最初から5個の値を取り出した結果を示しています． □

例 2-3 [偏りのあるサイコロ]

関数 sample では，標本が等確率でサンプリングされます．等確率でない分布からサンプリングするためには，prob オプションを用います．偏りのあるサイコロをシミュレートすると，

```
> sample(1:6,20,replace=TRUE,prob=c(1,1,1,3,3,3))
 [1] 5 4 4 4 6 6 1 6 6 6 1 1 3 4 4 5 6 6 4 1
```

となります．この例では，1～6の値の出やすさがそれぞれ $1:1:1:3:3:3$ の比率になっています．確率値で表すと，それぞれ $1/12, 1/12, 1/12, 3/12, 3/12, 3/12$ となります．上の例では，確かに 4, 5, 6 の値が多く出現していることが分かります．prob オプションは，標本空間のサイズ（ここでは 6）と長さが一致するベクトルで定めますが，総和が 1 になる必要はありません．確率値の相対的な値を指定すれば，それに比例する確率値でサンプリングが行われます． □

2.3 連続な確率変数と確率密度関数・分布関数

確率変数が，サイコロやコイン投げのような離散的な値ではなく，連続な実数値をとる場合を考えます．例えば身長や体重，血圧などは連続的な変数として扱います．株価などは実際には最小単位があるので離散的な値をとりますが，とりうる値の候補が膨大で，また順序があることから，通常は連続変数と見なして扱います．

確率的に連続な値をとるとき，ある値（例えば 1.208）にぴったり一致するということは，通常はなさそうです．ここが離散確率変数との違いです．ある値にぴったり一致する確率ではなく，ある区間や集合に含まれる確率を考えることで，どのあたりに値が出現しやすいかを表します．

連続な確率変数 X が区間 $A \subset \mathbb{R}$ に値をとる確率 $\Pr(X \in A)$ が，関数 $f(x)$ $(x \in \mathbb{R})$ を用いて

$$\Pr(X \in A) = \int_A f(x)dx \tag{2.1}$$

のように区間 A 上の積分として表されるとします．このとき $f(x)$ を確率変数 X の**確率密度関数**といいます．省略して確率密度や密度関数ということもあります．確率密度は次の性質を満たします．

1. $f(x)$ は非負値関数

2. $\int_{-\infty}^{\infty} f(x)dx = 1$

これら二つの条件を満たす関数 $f(x)$ から式 (2.1) で $\Pr(\cdot)$ を定義すると，これは 2.2 節の確率の性質を満たします．

例 2-4［正規分布］　実数に値をとる確率変数 X の確率が

$$\Pr(a \leq X \leq b) = \int_a^b \frac{1}{\sqrt{2\pi\sigma^2}} e^{-\frac{(x-\mu)^2}{2\sigma^2}} dx$$

で定まるとします（図 2.1）．

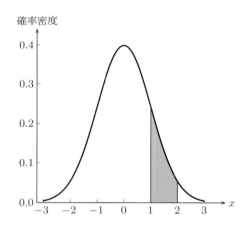

図 2.1　$X \sim N(0,1)$. ▨ の面積が $\Pr(1 \leq X \leq 2)$ に等しい．

このとき，X は（1 次元）**正規分布**に従うといい，

$$X \sim N(\mu, \sigma^2)$$

と表します．　□

一般に，確率変数 X が特定の分布 P に従うとき

$$X \sim P$$

と書きます．

次に分布関数の定義を与えます．確率変数 X が確率密度 $f(x)$ の分布に従うとします．このとき，X の**分布関数** $F(x)$ は

2.3 連続な確率変数と確率密度関数・分布関数

$$F(x) = \Pr(X \leq x) = \int_{-\infty}^{x} f(z)dz \quad (x \in \mathbb{R})$$

で与えられます．両辺を微分すると

$$\frac{d}{dx}F(x) = f(x)$$

となります．つまり，分布関数を微分すると確率密度が得られます．この性質を利用すると，確率変数を変換したとき，確率密度がどのように変換されるかを簡単に計算することができます．

例 2-5 確率変数 X の確率密度を $p_X(x)$ とします．定数 $a \neq 0$, b に対して $Z = aX + b$ の確率密度 $p_Z(z)$ は

$$p_Z(z) = \frac{1}{|a|} p_X\left(\frac{z-b}{a}\right)$$

で与えられます．これは，分布関数を用いて以下のように計算できます．X の分布関数を $F_X(x)$, Z の分布関数を $F_Z(z)$ とすると，$a > 0$ のとき

$$\begin{aligned}F_Z(z) &= \Pr(Z \leq z) = \Pr(aX + b \leq z) \\ &= \Pr\left(X \leq \frac{z-b}{a}\right) = F_X\left(\frac{z-b}{a}\right)\end{aligned}$$

となるので，

$$p_Z(z) = \frac{d}{dz}F_Z(z) = \frac{1}{a}F_X'\left(\frac{z-b}{a}\right) = \frac{1}{a}p_X\left(\frac{z-b}{a}\right)$$

が得られます．同様に $a < 0$ の場合も計算できます． □

例 2-6 $X \sim N(0,1)$ のとき，$Z = X^2$ の確率密度を求めましょう．

$$\begin{aligned}F(z) &= \Pr\{X^2 \leq z\} = \Pr\{-\sqrt{z} \leq X \leq \sqrt{z}\} \\ &= \int_{-\sqrt{z}}^{\sqrt{z}} \frac{1}{\sqrt{2\pi}} e^{-x^2/2} dx \\ &= 2\int_{0}^{\sqrt{z}} \frac{1}{\sqrt{2\pi}} e^{-x^2/2} dx\end{aligned}$$

となるので，Z の確率密度として

$$\frac{d}{dz}F(z) = \frac{2}{\sqrt{2\pi}} e^{-z/2} \frac{d}{dz}\sqrt{z} = \frac{e^{-z/2}}{\sqrt{2\pi z}} \quad (z > 0)$$

が得られます． □

2.4 期待値と分散

確率変数 X がどのような値をとりやすいかを大雑把に示すために，期待値と分散（または標準偏差）がよく用いられます．確率変数を X，その確率密度を $f(x)$ とします．

期待値：X がとりうる値の中で平均的な値を期待値といい，$\mathbb{E}[X]$ と表します．正確な定義は，標本空間を $\mathbb{R}$ とすると

$$\mathbb{E}[X] = \int_{-\infty}^{\infty} x f(x) dx$$

で与えられます．確率密度 $f(x)$ を物質の質量密度と見なすと，期待値は重心に一致します．また，確率変数 X を関数 $g : \mathbb{R} \to \mathbb{R}$ で変換した $g(X)$ の期待値は

$$\mathbb{E}[g(X)] = \int_{-\infty}^{\infty} g(x) f(x) dx$$

で与えられます[*3]．

分散：確率変数 X のバラツキの大きさは，分散で測ることができます．分散 $\mathbb{V}[X]$ は

$$\mathbb{V}[X] = \mathbb{E}[(X - \mathbb{E}[X])^2] = \int_{-\infty}^{\infty} (x - \mathbb{E}[X])^2 f(x) dx$$

と定義されます．すなわち，期待値からのズレの大きさ $|X - \mathbb{E}[X]|$ の 2 乗の期待値です．また，分散の平方根 $\sqrt{\mathbb{V}[X]}$ を X の**標準偏差**といいます．

確率変数 X は期待値 $\mathbb{E}[X]$ のまわりに分布し，その散らばりの大きさは，おおよそ標準偏差程度です．

期待値と分散について，a, b を定数とすると，次の等式が成り立ちます．

$$\mathbb{E}[aX + b] = a\mathbb{E}[X] + b$$

[*3] 期待値をとる確率変数 $X \sim P$ を明示して $\mathbb{E}_X[g(X)]$ と書くこともあります．

$$\mathbb{V}[aX+b] = a^2 \mathbb{V}[X]$$

これらの公式は，定義に戻って計算することで確認できます．

例 2-7　正規分布 $N(\mu, \sigma^2)$ の期待値は μ，分散は σ^2 で与えられます．$X \sim N(\mu, \sigma^2)$ のとき

$$\Pr\left(|X - \mathbb{E}[X]| \leq \sqrt{\mathbb{V}[X]}\right) \cong 0.682$$
$$\Pr\left(|X - \mathbb{E}[X]| \leq 2\sqrt{\mathbb{V}[X]}\right) \cong 0.954$$

となります．95% 以上の確率で，期待値から標準偏差の 2 倍程度の範囲に値をとります．　□

確率変数の期待値に近い値の範囲として，

$$\mathbb{E}[X] - \sqrt{\mathbb{V}[X]} \text{ から } \mathbb{E}[X] + \sqrt{\mathbb{V}[X]} \text{ までの区間}$$

を 1 シグマ（1σ）区間といい，

$$\mathbb{E}[X] - 2\sqrt{\mathbb{V}[X]} \text{ から } \mathbb{E}[X] + 2\sqrt{\mathbb{V}[X]} \text{ までの区間}$$

を 2 シグマ区間といいます．同様に 3 シグマ区間なども定義されます．正規分布では，約 2/3 が 1 シグマ区間に入り，ほとんど（約 95%）が 2 シグマ区間に入ります．

統計でよく用いられる分布からデータを生成する R の関数を紹介します．

- `rnorm`（正規分布）：オプションは期待値を指定する `mean` と標準偏差を指定する `sd`
- `rt`（t 分布）：オプションは自由度を指定する `df`
- `rchisq`（カイ 2 乗分布）：オプションは自由度を指定する `df`
- `rbeta`（ベータ分布）：オプションは分布の形状を指定する `shape1`, `shape2`

正規分布の場合，密度関数は `dnorm`，分布関数は `pnorm` で計算できます．他の分布についても同様に，最初の文字 'r' を 'd', 'p' に置き換えると，密度関数や分布関数を計算する関数になります．

例 2-7 で示した $\Pr\left(|X - \mathbb{E}[X]| \leq \sqrt{\mathbb{V}[X]}\right)$ や $\Pr\left(|X - \mathbb{E}[X]| \leq 2\sqrt{\mathbb{V}[X]}\right)$ の値を，R を使ってデータから近似的に計算してみましょう．

```
> # 期待値 1，標準偏差 2 の正規分布に従うデータを 100 個生成
> x <- rnorm(100,mean=1,sd=2)
> mean(x)          # データの平均値を計算
[1] 0.9503509
> sd(x)            # データの標準偏差を計算
[1] 1.961765
> # |x-E[x]|≦ sd(x) となるデータの割合
> mean(abs(x-mean(x))<=sd(x))
[1] 0.65
> # |x-E[x]|≦ 2*sd(x) となるデータの割合
> mean(abs(x-mean(x))<=2*sd(x))
[1] 0.95
```

データ数を増やせば，より精度を上げることができます．

2.5 分位点

確率分布の**分位点**について解説します．1 次元確率変数 X が確率分布 P に従うとします．このとき $0 \leq \alpha \leq 1$ に対して

$$\Pr(X \leq y) = \alpha$$

を満たす実数値 y を，分布 P の α 分位点（または α 点）と呼びます（図 2.2 (a)）．また，上側 α 分位点（または上側 α 点）を

$$\Pr(X > y) = \alpha$$

となる $y \in \mathbb{R}$ と定義します．定義より，上側 α 点は $(1-\alpha)$ 点に一致します．

標準正規分布 $N(0,1)$ の上側 α 点を z_α と表します（図 2.2 (b)）．R の **qnorm** を使うと，正規分布の α 分位点を計算できます．これから z_α の値も得られます．オプション lower.tail を使って，上側 α 点の値を求めることもできます．

```
> qnorm(0.7)    # N(0,1) の 0.7 点
[1] 0.5244005
```

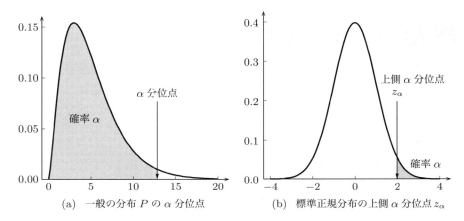

図 2.2 分位点のプロット

```
> # N(1,2^2) の 0.7 点
> qnorm(0.7,mean=1,sd=2)
[1] 2.048801
> alpha <- 0.05
> qnorm(1-alpha)                    # N(0,1) の上側 0.05 点
[1] 1.644854
> qnorm(alpha, lower.tail=FALSE)    # N(0,1) の上側 0.05 点
[1] 1.644854
```

正規分布の確率密度関数の対称性から，$X \sim N(0,1)$ のとき $0 < \alpha < 1$ とすると，上側 $\alpha/2$ 点 $z_{\alpha/2}$ について次式が成立します．

$$\Pr(|X| > z_{\alpha/2}) = \alpha$$
$$\Pr(|X| \leq z_{\alpha/2}) = 1 - \alpha$$

正規分布では $\Pr(|X| > z_\alpha) = \Pr(|X| \geq z_\alpha)$ などが成り立つので，等号は含めても含めなくても，どちらでも違いはありません．

2.4 節で紹介した t 分布，カイ 2 乗分布，ベータ分布では，それぞれ **qt**, **qchisq**, **qbeta** で分位点を求めることができます．

2.6　多次元確率変数

二つ以上の確率変数，すなわち**多次元確率変数**の扱いについて説明しましょう．二つ以上の確率変数の関係を調べることは，実用上非常に重要です．例えば，次のような状況が想定されます．

- 医療検査の結果と病気にかかっているかどうかの関係
- A 社の株価と B 社の株価の関係

このような問題を扱うために，本節では多次元確率変数を記述する方法を紹介します．

n 次元の値をとる確率変数を $X = (X_1, \ldots, X_n)$ とします．その確率密度関数を，変数 $\boldsymbol{x} = (x_1, \ldots, x_n) \in \mathbb{R}^n$ に対して $f(\boldsymbol{x}) = f(x_1, \ldots, x_n)$ とします[*4]．このとき，X が集合 $A \subset \mathbb{R}^n$ に値をとる確率 $\Pr(X \in A)$ は，$f(\boldsymbol{x})$ の A 上での積分値として

$$\Pr(X \in A) = \int_A f(\boldsymbol{x}) d\boldsymbol{x} \tag{2.2}$$

のように与えられます．多次元の場合は，$f(\boldsymbol{x})$ を同時確率密度関数と呼ぶこともあります．1 次元確率変数の場合と同様に，確率密度 $f(\boldsymbol{x})$ は次の条件を満たします．

1. $f(\boldsymbol{x})$ は非負値関数
2. $\displaystyle\int_{\mathbb{R}^n} f(\boldsymbol{x}) d\boldsymbol{x} = 1$

逆に上の二つの条件を満たす関数 $f(\boldsymbol{x})$ から，式 (2.2) によって確率を定義することができます．

以下，2 次元確率変数 $X = (X_1, X_2)$ の場合について考えます．3 次元以上の場合も同様です．確率変数 (X_1, X_2) の確率密度を $f(x_1, x_2)$ とします．(X_1, X_2) が矩形 $[a, b] \times [c, d]$ に値をとる確率は

[*4] ベクトルを太字で $\boldsymbol{x}$ と表し，その要素を同じアルファベットで $(x_1, \ldots, x_n)$ と記します．

$$\Pr(a \leq X_1 \leq b,\ c \leq X_2 \leq d) = \int_a^b \left(\int_c^d f(x_1, x_2) dx_2 \right) dx_1$$

です．X_1 のみに着目します．

$$\Pr(a \leq X_1 \leq b) = \Pr(a \leq X_1 \leq b, -\infty < X_2 < \infty)$$

が成り立つので，確率 $\Pr(a \leq X_1 \leq b)$ は

$$\Pr(a \leq X_1 \leq b) = \int_a^b \left(\int_{-\infty}^{\infty} f(x_1, x_2) dx_2 \right) dx_1$$

となることが分かります．したがって，X_1 の確率密度関数 $f_1(x_1)$ は，

$$\Pr(-\infty < X_1 \leq x_1) = \int_{-\infty}^{x_1} \left(\int_{-\infty}^{\infty} f(z_1, x_2) dx_2 \right) dz_1$$

を x_1 で微分して

$$f_1(x_1) = \int_{-\infty}^{\infty} f(x_1, x_2) dx_2$$

となります．X_2 の確率密度関数 $f_2(x_2)$ も同様に

$$f_2(x_2) = \int_{-\infty}^{\infty} f(x_1, x_2) dx_1$$

で与えられます．上の $f_1(x_1), f_2(x_2)$ を，$f(x_1, x_2)$ の**周辺確率密度関数**と呼びます．X_1 または X_2 の一方のみに依存する確率の計算は，周辺確率密度を使って実行することができます．実際，確率 $\Pr(a \leq X_1 \leq b)$ は周辺確率密度を使って

$$\Pr(a \leq X_1 \leq b) = \int_a^b f_1(x_1) dx_1$$

と表せます．

多次元確率変数の期待値は，要素ごとの期待値として定義します．すなわち $X = (X_1, X_2)$ に対して，

$$\mathbb{E}[X] = \begin{pmatrix} \mathbb{E}[X_1] \\ \mathbb{E}[X_2] \end{pmatrix}$$

とします．ここで，X_1, X_2 の期待値は，周辺確率密度を使ってそれぞれ

$$\mathbb{E}[X_1] = \int_{-\infty}^{\infty}\int_{-\infty}^{\infty} x_1\, f(x_1,x_2)\, dx_1 dx_2 = \int_{-\infty}^{\infty} x_1\, f_1(x_1)\, dx_1$$

$$\mathbb{E}[X_2] = \int_{-\infty}^{\infty}\int_{-\infty}^{\infty} x_2\, f(x_1,x_2)\, dx_1 dx_2 = \int_{-\infty}^{\infty} x_2\, f_2(x_2)\, dx_2$$

と表せます．3次元以上の確率変数に対しても同じように計算できます．

2.7 独立性

複数の確率変数がどのように関連しているかを調べることは，応用上重要な課題です．特に独立性が成り立つかどうかは，統計解析を行う上で大切です．独立性とは，互いに関係しないことを意味します．多くの統計的推論では「データは独立に観測される」と仮定して解析を進めます．

確率変数 X, Y の確率密度を $f(x,y)$ とし，周辺確率密度を $f_1(x), f_2(y)$ とします．このとき

$$f(x,y) = f_1(x) f_2(y)$$

と確率密度が積に分解できるなら，確率変数 X と Y は**独立**であるといいます．このとき確率に関して

$$\Pr(X \in A, Y \in B) = \Pr(X \in A)\Pr(Y \in B)$$

が成り立ちます．

離散分布の例を考えます．例えば公平なサイコロを2回振るとします．1回目に出る目と2回目に出る目は独立と仮定すると，2回とも1が出る確率は $1/6 \times 1/6 = 1/36$ となります．独立性が成り立つ場合には，このように引き続いて起こる事象の確率を，個々の事象の確率の積によって計算できます．

独立な確率変数 X, Y に関して，次の公式が成り立ちます．

$$\mathbb{E}[XY] = \mathbb{E}[X]\mathbb{E}[Y] \tag{2.3}$$
$$\mathbb{V}[X+Y] = \mathbb{V}[X] + \mathbb{V}[Y] \tag{2.4}$$

これらは，確率や統計の計算をするとき，基礎となる公式です．一方，X, Y が独立でなくても，和に関して

$$\mathbb{E}[X+Y] = \mathbb{E}[X] + \mathbb{E}[Y]$$

は（期待値が存在する限り）常に成り立ちます．式 (2.4) の導出を以下に示します．

$$\begin{aligned}
\mathbb{V}[X+Y] &= \mathbb{E}[((X-\mathbb{E}[X])+(Y-\mathbb{E}[Y]))^2] \\
&= \mathbb{E}[(X-\mathbb{E}[X])^2] + \mathbb{E}[(Y-\mathbb{E}[Y])^2] + 2\mathbb{E}[(X-\mathbb{E}[X])(Y-\mathbb{E}[Y])] \\
&= \mathbb{V}[X] + \mathbb{V}[Y] + 2(\mathbb{E}[X-\mathbb{E}[X]])(\mathbb{E}[Y-\mathbb{E}[Y]]) \\
&\qquad\qquad\qquad\text{（分散の定義と式 (2.3) から）} \\
&= \mathbb{V}[X] + \mathbb{V}[Y]
\end{aligned}$$

三つ以上の確率変数 $X_1, X_2, \ldots, X_n$ の独立性は二つの場合と同様です．同時確率密度を $f(x_1, x_2, \ldots, x_n)$ とするとき，これが周辺確率密度 $f_i(x_i)$ ($i = 1, \ldots, n$) の積として

$$f(x_1, \ldots, x_n) = f_1(x_1) f_2(x_2) \cdots f_n(x_n)$$

と表せるなら，$X_1, X_2, \ldots, X_n$ は独立です．期待値と分散について，2 変数の場合と同様に，次の公式が成り立ちます．

$$\mathbb{E}[X_1 X_2 \cdots X_n] = \mathbb{E}[X_1] \mathbb{E}[X_2] \cdots \mathbb{E}[X_n]$$
$$\mathbb{V}[X_1 + X_2 + \cdots + X_n] = \mathbb{V}[X_1] + \mathbb{V}[X_2] + \cdots + \mathbb{V}[X_n]$$

データ $X_1, X_2, \ldots, X_n$ が独立に同じ分布から得られるとき

「$X_1, X_2, \ldots, X_n$ は独立に同一の分布に従う」

といいます．このとき

$$X_1, X_2, \ldots, X_n \underset{\text{i.i.d.}}{\sim} P \tag{2.5}$$

と表記します．ここで，P は確率分布，i.i.d. は「独立同一」の英語表記 "independent and identically distributed" を意味します．

例 2-8　確率変数 $X_1, \ldots, X_n$ が式 (2.5) を満たすとします．また，分散について

$$\mathbb{V}[X_i] = \sigma^2 \quad (i = 1, \ldots, n)$$

が成り立つとします．このとき，$X_1, \ldots, X_n$ の平均値の分散は

$$\mathbb{V}\left[\frac{1}{n}\sum_{i=1}^{n} X_i\right] = \frac{1}{n^2}\sum_{i=1}^{n}\mathbb{V}[X_i] = \frac{n\sigma^2}{n^2} = \frac{\sigma^2}{n}$$

となります．この式から，平均値の分散はデータ数 n が大きいほど小さくなることが分かります． □

2.8　共分散・相関係数

　確率変数が独立でないとき，どの程度関連があるかを定量的に測る量である共分散や相関係数について説明しましょう．確率変数 X, Y の**共分散** $\mathrm{Cov}[X,Y]$ は

$$\begin{aligned}\mathrm{Cov}[X,Y] &= \mathbb{E}[(X - \mathbb{E}[X])(Y - \mathbb{E}[Y])] \\ &= \mathbb{E}[XY] - \mathbb{E}[X]\mathbb{E}[Y]\end{aligned}$$

と定義されます．分散と共分散の間には

$$\mathbb{V}[X + Y] = \mathbb{V}[X] + \mathbb{V}[Y] + 2\mathrm{Cov}[X,Y]$$

という関係式が成り立ちます．コーシー–シュワルツの不等式から

$$(\mathrm{Cov}[X,Y])^2 \leq \mathbb{E}[(X - \mathbb{E}[X])^2]\mathbb{E}[(Y - \mathbb{E}[Y])^2] = \mathbb{V}[X]\mathbb{V}[Y]$$

が成り立ちます [4, 第 7 章]．**相関係数** $\rho[X,Y]$ は，共分散を規格化した量として

$$\rho[X,Y] = \frac{\mathrm{Cov}[X,Y]}{\sqrt{\mathbb{V}[X]}\sqrt{\mathbb{V}[Y]}}$$

と定義されます．すると，共分散に関する不等式から

$$-1 \leq \rho[X,Y] \leq 1$$

となることが分かります．$\rho[X,Y] = 1$ または -1 のときは，X, Y の間には $Y = aX + b$ という線形式が成り立ちます．ここで a, b は実数値です．$\rho[X,Y] = 1$ のときは $a > 0$, $\rho[X,Y] = -1$ のときは $a < 0$ となります．

　X, Y が独立なら共分散と相関係数は 0 になります．一方，共分散と相関係数

が0でも，確率変数が独立とは限りません．ただし，(X,Y) が2次元正規分布に従うときは，共分散が0なら独立になっています．

共分散が負，正，ゼロの分布から生成したデータをそれぞれプロットします（図2.3）．

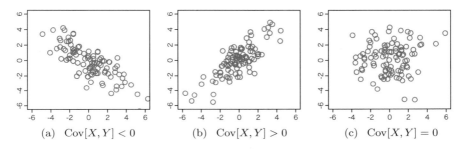

図2.3 データのプロット．(a) 共分散が負，(b) 共分散が正，(c) 共分散がゼロ．

二つ以上の確率変数の関係を，分散と共分散を並べた分散共分散行列で表すことができます．2変数の確率変数に対して，**分散共分散行列** Σ を

$$\Sigma = \begin{pmatrix} \mathbb{V}[X] & \mathrm{Cov}[X,Y] \\ \mathrm{Cov}[X,Y] & \mathbb{V}[Y] \end{pmatrix}$$

と定義します．データの散らばり方と分散共分散行列の関係を図2.4に示します．

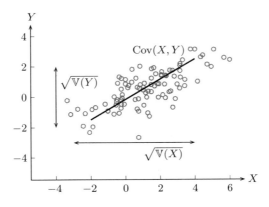

図2.4 データのプロットと分散共分散行列

一般に d 次元確率変数 $Z = (X_1, \ldots, X_d)^T$ の分散共分散行列は，$d \times d$ 行列

$$\Sigma = \mathbb{E}[(Z - \mathbb{E}[Z])(Z - \mathbb{E}[Z])^T]$$

によって与えられます．このようにして，多次元確率変数の散らばり方をコンパクトに表現することができます．ただし，分散共分散行列が一致しても分布が異なることもあるので，注意してください．

R の関数 `cor`，`var` を使って，データから標本共分散や標本相関係数を簡単に求めることができます．

```
> iris                      # iris データの表示（省略）
> cor(iris[,c(1,2)])        # Sepal.Length と Sepal.Width の相関係数行列
             Sepal.Length Sepal.Width
Sepal.Length    1.0000000  -0.1175698
Sepal.Width    -0.1175698   1.0000000
> var(iris[,c(1,2)])        # 分散共分散行列
             Sepal.Length Sepal.Width
Sepal.Length    0.6856935  -0.0424340
Sepal.Width    -0.0424340   0.1899794
>
> cor(iris[,c(1,3)])        # Sepal.Length と Petal.Length の相関係数行列
```

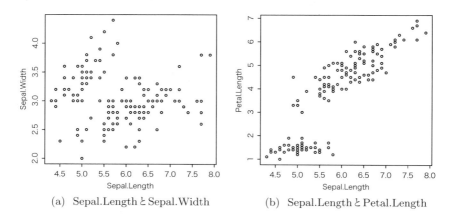

(a) Sepal.Length と Sepal.Width　　(b) Sepal.Length と Petal.Length

図 2.5　iris データのプロット．(a) Sepal.Length と Sepal.Width では相関係数はおよそ -0.12．(b) Sepal.Length と Petal.Length では相関係数はおよそ 0.87．

```
            Sepal.Length Petal.Length
Sepal.Length    1.0000000    0.8717538
Petal.Length    0.8717538    1.0000000
```

データのプロットは図 2.5 のようになります．

2.9　条件付き確率・ベイズの公式

確率変数 X, Y の確率 $\Pr(X \in A, Y \in B)$ に対して，「$X \in A$ の条件のもとで $Y \in B$」となる確率 $\Pr(Y \in B \mid X \in A)$ を**条件付き確率**といいます．これは

$$\Pr(Y \in B \mid X \in A) = \frac{\Pr(X \in A, Y \in B)}{\Pr(X \in A)}$$

と表すことができます（図 2.6）．簡単のため，分母は 0 でないとします．

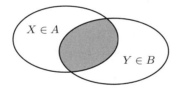

図 2.6　$\Pr(Y \in B \mid X \in A)$：「$X \in A$」の中で「$X \in A$ かつ $Y \in B$」となる確率

同様に考えて，確率密度 $f(x,y)$ に対して条件付き確率密度を定義することができます．「$X \in [x, x+dx]$ の条件下で $Y \in [y, y+dy]$ となる確率」は，確率密度を用いて

$$\frac{\Pr(X \in [x, x+dx], Y \in [y, y+dy])}{\Pr(X \in [x, x+dx])} \approx \frac{f(x,y)dxdy}{f_1(x)dx} = \frac{f(x,y)}{f_1(x)}dy$$

と表せます．したがって，**条件付き確率密度関数** $f(y|x)$ を

$$f(y|x) = \frac{f(x,y)}{f_1(x)}$$

とすると，十分小さな dx, dy に対して

$$f(y|x)dy = \frac{\Pr(X \in [x, x+dx], Y \in [y, y+dy])}{\Pr(X \in [x, x+dx])}$$

が近似的に成り立ちます（極限操作のもとで等号が成り立つ）．

条件付き確率の定義から，

$$\Pr(X \in A | Y \in B) = \frac{\Pr(Y \in B | X \in A) \Pr(X \in A)}{\Pr(Y \in B)} \tag{2.6}$$

が成り立ちます．これは

$$\Pr(X \in A | Y \in B) \Pr(Y \in B) = \Pr(X \in A, Y \in B)$$
$$= \Pr(Y \in B | X \in A) \Pr(X \in A)$$

から分かります．式 (2.6) を**ベイズの公式**といいます．

ベイズの公式はデータ解析によく応用されます．X を原因，Y を結果と考えると

- $\Pr(Y|X)$：原因 X から結果 Y への関係
- $\Pr(X|Y)$：結果 Y を見て，原因 X について推論

のように解釈できます．$\Pr(Y|X)$ のほうは，現実の現象を適切にモデリングすれば得られます．これに対して，例えば医療診断などの場面では，病気 (X) に対する症状 (Y) が分かっているとき，症状から何の病気かについて推論することが求められます．ベイズの公式を用いると，まず $\Pr(Y|X)$ を求め，これから $\Pr(X|Y)$ を計算し，結果から原因を推論することが可能になります．

第 II 部
統計解析の基礎

第3章
機械学習の問題設定

　機械学習で登場する問題設定について説明します．大別すると，「教師あり学習」と「教師なし学習」があります．教師あり学習では，入出力がペアになったデータから，入出力の関数関係を学習します．これは将来を予測する情報処理技術として重要です．一方，教師なし学習では，一般のデータから本質的な構造を取り出し，理解しやすい解釈を与え，科学的な発見に結び付けることを重視する傾向があります．扱うデータは通常，入力だけからなります．教師あり学習と教師なし学習を含む，機械学習全般の参考文献として，[7], [8], [9] などがあります．

3.1　教師あり学習

　教師あり学習では，入力ベクトル x と出力値 y が対になったデータ (x, y) が観測されるような設定を扱います．このようなデータが多数得られたとき，入力と出力の間の関係について推論する問題を考えます．大きく分けると，y のとりうる値が離散値（有限集合の要素）の場合と連続値（実数値）の場合があり，それぞれ**判別問題**，**回帰分析**といいます．

3.1.1　判別問題

　電子メールを使っていると，通常のメールのほかに迷惑メールを受け取ることもあります．迷惑メールは大量に送られてくるので，自動的に仕分けして通常のメールだけを受け取るようにするのが望ましいでしょう．このときメールの文章を x，通常のメールか迷惑メールかを y で表すとします．ここで x としては，文

章に含まれる単語の頻度情報をベクトル化したものがよく使われます.簡単のため,yは$+1$か-1の値をとるとし,$+1$なら通常のメール,-1なら迷惑メールとしておきます.判別問題では出力yをラベルと呼びます.メールxを受け取り,ラベルyを当てる問題は判別の一例と考えることができます.ラベルがとりうる値が2種類なので,2値判別ということもあります.

判別の他の例として,手書き文字の認識があります.ここでは$0, 1, \ldots, 9$の数字の読み取りを考えましょう.手書き文字xが適当なグレイスケールの画像データとして得られ,これが何かの数字yに対応しているとします(図3.1).このようなデータが得られているとき,新たな画像xからラベルyを当てる問題は判別問題の一種です.郵便番号の自動読み取りなどで,このような問題が考えられています.このときラベルの候補は10種類あります.ラベルのとりうる値が三つ以上ある判別問題を多値判別といいます.

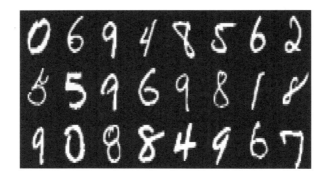

図3.1 数字の手書き文字データ(MNIST, ©Yann LeCun and Corinna Cortes)

問題を定式化しましょう.入力の集合を$\mathcal{X}$,ラベルの集合を$\mathcal{Y}$とします.ここで,$\mathcal{Y}$は有限集合です.データ$(x_1, y_1), \ldots, (x_m, y_m) \in \mathcal{X} \times \mathcal{Y}$から入力$x$とラベル$y$の間の関係を学習し,$x$に対するラベル$y$を予測する問題を判別分析といいます(図3.2).

データの生成プロセスに対して,実際の問題に則してさまざまな仮定が考えられます.基本的な設定として,データ(x_i, y_i)は独立に同一の分布に従い,将来のデータ(x, y)も同じ分布に従うとします.データから関数$h : \mathcal{X} \to \mathcal{Y}$を学習し,$x$のラベルを$h(x)$で予測します.この予測値が高い確率で$x$のラベル$y$に

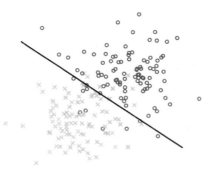

図 3.2 2 値判別の例.データのプロットと学習された判別境界.

一致するように h を構成することが,判別分析における主な目標です.本書では,10 章のサポートベクトルマシン,12 章のアンサンブル学習,13 章のガウス過程モデルなどで判別問題を扱います.

3.1.2 回帰分析

回帰分析では,判別と同様に入力と出力のペア $(\boldsymbol{x}, y)$ がデータとして得られる状況を考えます.ただし,出力の値 y は実数値とします.このとき,$\boldsymbol{x} \in \mathcal{X}$ に対する $y \in \mathbb{R}$ の値をできるだけ精度良く予測することが目標です(図 3.3).

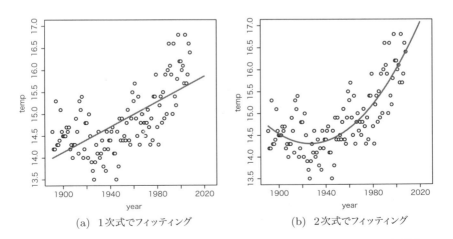

(a) 1 次式でフィッティング　　(b) 2 次式でフィッティング

図 3.3 回帰分析の例.データ(名古屋の平均気温)のプロットと推定された回帰関数.

回帰分析では，最小 2 乗法と呼ばれる方法が標準的に利用されます．統計モデルとしては線形モデル，非線形モデルともによく用いられます．複雑なデータを用いた予測問題では，非線形モデルとしてニューラルネットワークモデルが使われることもあります．その他，関数自由度を持つノンパラメトリックモデルを用いることもできます．本書では 8 章で回帰分析の基礎について説明します．また 11 章のスパース学習や 13 章のガウス過程モデル，14 章の密度比推定などでも回帰分析の問題を扱います．

3.2 教師なし学習

出力ラベル y がなく，入力 x のみがデータとして観測され，この情報から統計的推論を行う問題設定を，**教師なし学習**と呼びます．特徴抽出や分布推定がこのような問題として定式化されます．

■ 3.2.1 特徴抽出

教師なし学習の例として特徴抽出を紹介します．データ x が観測されたとき，判別分析や回帰分析のための前処理として，データから特徴を抽出するプロセスがあります．以下の問題設定は，広い意味で特徴抽出と捉えることができます．

- 次元削減
- 変数選択
- クラスタリング

それぞれ簡単に補足します．

次元削減では，高次元データ x の情報をできるだけ保ちつつ，低い次元にマップします．線形変換を用いる主成分分析や正準相関分析が実データの解析によく応用されています．低い次元に写像することで，計算効率の向上が期待できます．次元削減の過程で適切にノイズ除去ができれば，予測精度の向上も期待できます．

変数選択は，次元削減と同様に，できるだけ情報を損失せずに，適切に高次元データ x から必要な要素を取り出すための方法です．次元削減では，いくつかの要素を組み合わせて線形関数などで変換しますが，変数選択では，単に要素を

いくつか選ぶだけです．しかし，次元削減と比べて解釈が容易になります．遺伝子データ解析などでは，大量の遺伝子についてその状態を観測することがあります．このようなデータから適切に重要な要素（因子）を抽出することは，科学的発見などにおいて重要な役割を果たします．

クラスタリングは，データをいくつかの塊（クラスタ）に分けるための統計的方法です（図3.4）．データが一様な構造ではなくいくつかのクラスタに分かれているとします．そのクラスタ構造を特定することは，データの分布に対する理解を深め，予測の精度を向上させることに役立つと考えられます．例えばウェブ上のテキストデータは，含まれる単語の頻度情報などから，トピックごとに分類することができます．このようにデータを内容に応じて分類しておくことは，情報検索などに非常に有用です．

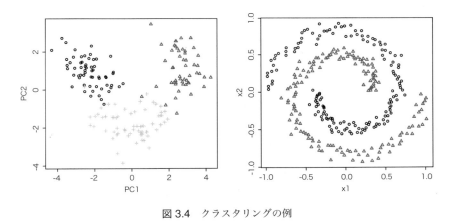

図 3.4　クラスタリングの例

本書では，5 章で主に線形変換による特徴抽出の手法を紹介します．クラスタリングについては 9 章で解説し，11 章でスパース性を用いた変数選択法について説明します．

■ 3.2.2　分布推定

データ $x_1, \ldots, x_n$ が観測されたとき，データを生成する分布を推定する問題を分布推定といいます．教師あり学習でも (x, y) を x と置き換えれば，たいていは分布推定の問題に帰着されます．しかし，分布推定では，入力に対する出力

を予測するより,データの背後にある確率構造をよく理解し,科学的発見につなげることに重点を置くケースがよくあります.

例えば,地震が起きた場所の分布から活断層の位置を特定するという問題では,分布推定の考え方に基づいて学習アルゴリズムが構成されます.同様の問題として,宇宙に散在する銀河系の分布を推定し,大規模構造について理解を深めるといった応用例があります.

分布推定は機械学習におけるさまざまな問題設定を包含するため,いろいろな場面に応用されています.本書では主に6章で,代表的な統計モデルを用いて分布推定を行う方法について説明します.

3.3 損失関数の最小化と学習アルゴリズム

統計解析の目的やデータの種類に応じて,さまざまな学習アルゴリズムが提案されています.それらの多くは「損失関数の最小化」として定式化することができます.これは,統計学における一般的な理論的枠組みである「統計的決定理論」による定式化と言い換えることもできます.

損失関数を用いる学習の枠組みについて説明しましょう.データとして $z_1,\ldots,z_n$ が得られたとします.ここで,z_i は多くの場合,教師ありデータまたは教師なしデータのどちらかです[*1].このデータに対して何らかの統計モデルをフィッティングします.統計モデルを構成する個々のモデルは,パラメータ $\theta \in \Theta$ で指定されるとします[*2].損失関数 L を設定し,最適化問題

$$\min_{\theta \in \Theta} L(z_1,\ldots,z_n;\theta) \tag{3.1}$$

を考えます.最適解を $\widehat{\theta}$ とし,対応するモデルを用いて予測などの統計的推論を行います.

例えば,回帰分析でデータ点 x における出力 y を関数 $f_\theta(x)$ で推定するとき,損失として2乗誤差 $(y - f_\theta(x))^2$ などが使われます.すべてのデータについて2乗誤差の和をとり,これを最小にする方法が最小2乗法です(4章,8章

[*1] 両方が混ざっている状況,すなわち半教師ありデータの場合もあります.
[*2] 例えば回帰分析では,統計モデルは関数の集合 $\{f_\theta(x) : \theta \in \Theta\}$,モデルは個々の f_θ を指します.ここで,Θ は統計モデルのパラメータ集合です.

を参照).

機械学習では,大規模データに関する最適化計算をできるだけ効率的に実行することを重視します.最適化では,凸性は特に重要です.問題 (3.1) がパラメータ θ に関して凸関数なら,局所解の存在を気にせずに,大域的な最適解を求めることが可能になります(図 3.5).

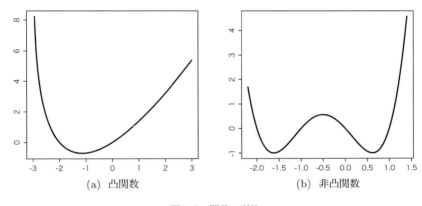

(a) 凸関数　　　　　　　　　　(b) 非凸関数

図 3.5　関数の形状

R では,汎用的な最適化のための関数 `optim` が実装されています.これを用いて,ユーザが定義した関数の最適化が行えます.問題固有の特徴をうまく利用する効率的な学習アルゴリズムが数多く提案されています.

第 4 章
統計的精度の評価

本章では，学習アルゴリズムの統計的な精度を評価する方法について説明します．まず，観測データに対する適合の程度を測るトレーニング誤差と，将来のデータに対する予測精度を測るテスト誤差の違いを説明します．次に，観測データからテスト誤差を推定する方法として，広く使われている交差検証法について解説します．また，判別やランキングの問題で用いられる ROC 曲線や AUC 基準について簡単に紹介します．

本章で使うパッケージ
- doParallel：並列計算
- Bolstad：数値積分

4.1　損失関数とトレーニング誤差・テスト誤差

データ z に対して，パラメータ $\boldsymbol{\theta}$ を持つ統計モデルを当てはめたとき損失関数を $\ell(z;\boldsymbol{\theta})$ とします．単に損失ということもあります．例えばデータ $z\in\mathbb{R}$ を $\theta\in\mathbb{R}$ で近似するとき，損失として 2 乗誤差

$$\ell(z;\theta) = \frac{1}{2}|z-\theta|^2$$

がよく用いられます．

教師あり学習では，データ $z=(\boldsymbol{x},y)$ $(y\in\mathbb{R})$ に対して，$\boldsymbol{x}$ を変換した $h(\boldsymbol{x})$ が y に近いほど損失が小さいと考えるのが妥当です．これを反映して，関数 h の損失として

$$\ell((\boldsymbol{x},y);h) = \frac{1}{2}|h(\boldsymbol{x})-y|^2$$

などがよく使われます．データの性質によっては，**絶対値誤差**

$$\ell((\boldsymbol{x},y);h) = |h(\boldsymbol{x}) - y|$$

が使われます．判別問題の場合には出力 y をぴったり当てることを目標にすることが多いので，データ $(\boldsymbol{x},y)$ に対して **0-1 損失**

$$\ell((\boldsymbol{x},y);h) = I[y \neq h(\boldsymbol{x})] = \begin{cases} 1, & h(\boldsymbol{x}) \neq y \\ 0, & h(\boldsymbol{x}) = y \end{cases}$$

がよく用いられます．ここで $I[A]$ は命題 A が真なら 1，偽なら 0 をとる定義関数です．

　教師なし学習では，問題の設定や目的に応じて適切に損失を設計する必要があります．例えば，データを低次元空間に射影する次元削減では，元の点 $\boldsymbol{z} \in \mathbb{R}^d$ と射影した点 $h(\boldsymbol{z}) \in \mathbb{R}^d$ の間の誤差が小さいほど，情報量の損失が一般に小さくなります．次元削減の代表的な手法である主成分分析では，損失として $\boldsymbol{z}$ と $h(\boldsymbol{z})$ の間の 2 乗損失

$$\ell(\boldsymbol{z},h) = \frac{1}{2}\|h(\boldsymbol{z}) - \boldsymbol{z}\|^2$$

が使われています[*1]．データ $\boldsymbol{z}$ に，統計モデルとして確率密度 $p(\boldsymbol{z};\boldsymbol{\theta})$ が仮定されているときは，**対数損失（負の対数尤度）**

$$\ell(\boldsymbol{z};\boldsymbol{\theta}) = -\log p(\boldsymbol{z};\boldsymbol{\theta})$$

を損失とすることがあります．これは最尤推定法に対応します．データ $\boldsymbol{z}$ における $p(\boldsymbol{z};\boldsymbol{\theta})$ の値が大きいほど，対数損失は小さくなります．統計モデルが正規分布 $N(\theta,1)$ のとき，対数損失は 2 乗損失に一致します．

　パラメータ $\boldsymbol{\theta}$ によって指定されるモデルの平均的な損失は，データの分布 P のもとでの期待値

$$\mathbb{E}_{\boldsymbol{z} \sim P}[\ell(\boldsymbol{z};\boldsymbol{\theta})] = \int \ell(\boldsymbol{z};\boldsymbol{\theta})p(\boldsymbol{z})d\boldsymbol{z} \tag{4.1}$$

で測ることができます．これを**テスト誤差**または**予測誤差**といいます．多くの問

[*1] ベクトル $\boldsymbol{a} = (a_1,\ldots,a_d)$ に対して $\|\boldsymbol{a}\|^2 = \boldsymbol{a}^T\boldsymbol{a} = \sum_{i=1}^d a_i^2$ とします．

題では，テスト誤差を最小にするパラメータやモデルを求めることが目標になります．しかし，P は未知なので，データだけから式 (4.1) を計算することはできません．そこで，テスト誤差の近似として，**トレーニング誤差**

$$\frac{1}{n}\sum_{i=1}^{n}\ell(z_i;\boldsymbol{\theta}) \tag{4.2}$$

を考えます．トレーニング誤差を**学習誤差**ということもあります．トレーニング誤差を最小にするパラメータを，テスト誤差を最小にするパラメータの近似として用います．

テスト誤差とトレーニング誤差を，パラメータ θ の関数として R を使ってプロットします．データ z が正規分布 $N(0,1)$ から生成されるとき，期待値をパラメータ θ で推定します．2 乗損失のもとでテスト誤差は

$$\mathbb{E}\left[\frac{1}{2}(z-\theta)^2\right] = \frac{1+\theta^2}{2}$$

となります．図 4.1 では，データ数を 20 とし，10 組のデータセットに対してトレーニング誤差をプロットしています．

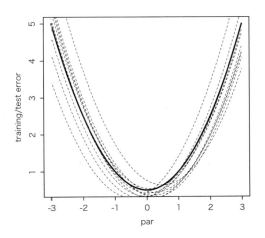

図 4.1 テスト誤差（実線）とトレーニング誤差（破線）のプロット．10 組のデータセットのそれぞれに対して，トレーニング誤差をプロットしている．

```
> # テスト誤差とトレーニング誤差のプロット
> par <- seq(-3,3,l=50)                              # パラメータの範囲
> te_err <- (1+par^2)/2                              # テスト誤差
> # テスト誤差をプロット
> plot(par,te_err, lwd=4, lty=1,type='l')
> for(i in 1:10){
+   z <- rnorm(20)                                   # データ生成
+   tr_err <- colMeans(outer(z,par,FUN="-")^2/2)     # トレーニング誤差
+   lines(par,tr_err,lty=2,type='l')                 # トレーニング誤差をプロット
+ }
>
```

実行例にある **outer** は,デフォルトではベクトルの外積[*2]を計算します.オプション FUN が指定されると,掛け算をその演算に置き換えて計算します.

図 4.1 の関数(実線)を最小にするパラメータを求めることが,本来の目標です.これを,データから計算できる関数(破線)で近似して最小化します.

単純にトレーニング誤差を最小化して得られるモデルでは,高い予測精度が得られないことがあります.特に,想定しているモデルの次元が大きいときは,トレーニング誤差とテスト誤差の乖離が大きくなります.このような状況に対処するため,正則化,交差検証法,特徴量選択,次元削減,仮説検定など,さまざまなテクニックが機械学習や統計学の分野で開発されています.後の章で,具体的な学習法を問題設定ごとに解説していきます.

4.2 テスト誤差の推定:交差検証法

学習アルゴリズムはさまざまなチューニングパラメータを含むことが多く,高い予測精度を達成するために,これらを適切に選択する必要があります.そのために,チューニングパラメータごとに,学習されたモデルのテスト誤差を推定することが必要です.チューニングパラメータとしては,正則化パラメータや統計モデルの次元,基底関数の数,基底関数の形状を調整するパラメータなどがあります.具体例は 8, 10, 11 章で扱います.

問題設定を整理しましょう.学習アルゴリズム $\mathcal{A}$ はチューニングパラメータ

[*2] $\boldsymbol{x} = (x_1, \ldots, x_m) \in \mathbb{R}^m$ と $\boldsymbol{y} = (y_1, \ldots, y_n) \in \mathbb{R}^n$ の外積は $m \times n$ 行列 $(x_i y_j)_{ij}$.

λ を含むとします．$\mathcal{A}$ はデータ $D=\{z_1,\dots,z_n\}$ を受け取り，モデル h を出力します．このプロセスを

$$h = \mathcal{A}(D;\lambda)$$

と表します．このテスト誤差は

$$\mathbb{E}_{\boldsymbol{z}}[\ell(\boldsymbol{z},h)] = \mathbb{E}_{\boldsymbol{z}}[\ell(\boldsymbol{z},\mathcal{A}(D;\lambda))]$$

となります．データ D も分布 P から独立に生成されているとします．テスト誤差は学習データ D に依存するので，学習データの分布について期待値をとり，

$$\mathrm{Err}(\mathcal{A};\lambda) = \mathbb{E}_D[\mathbb{E}_{\boldsymbol{z}}[\ell(\boldsymbol{z},\mathcal{A}(D;\lambda))]]$$

とおきます．$\mathrm{Err}(\mathcal{A};\lambda)$ は，データ数が n で分布が P のとき，チューニングパラメータを λ とした学習アルゴリズム $\mathcal{A}$ の平均的な損失を表しています．$\mathrm{Err}(\mathcal{A};\lambda)$ を最小にする λ を選んでモデルを学習することで，適切な結果が得られます．

各 λ に対する $\mathrm{Err}(\mathcal{A};\lambda)$ の値を推定できれば，その値を最小にする λ を選ぶことで，テスト誤差が小さいモデルが得られます．そのための手法である**交差検証法**について説明しましょう．

$\mathrm{Err}(\mathcal{A};\lambda)$ では，モデルを学習するためのデータ $D=\{z_1,\dots,z_n\}$ とテスト誤差を評価するためのデータ z は独立に生成されています．この状況を模倣して，学習データから $\mathrm{Err}(\mathcal{A};\lambda)$ を推定します．まず，データ D を K 個のグループに分割します．それぞれのグループのデータ数はほぼ同数としておきます．簡単のため，n は K で割り切れるとし，$n/K=m$ とします．分割したデータを

$$\begin{aligned}
D_1 &= \{z_1,\dots,z_m\} \\
D_2 &= \{z_{m+1},\dots,z_{2m}\} \\
&\vdots \\
D_K &= \{z_{n-m+1},\dots,z_n\}
\end{aligned}$$

とします．ランダムに分割することもあります．D から D_k を除いたデータ集合を

$$D^{(k)} = D \setminus D_k \quad (k = 1, \ldots, K)$$

とします．アルゴリズム $\mathcal{A}$ でモデルを学習するとき，$D^{(k)}$ だけを使って

$$h_{\lambda,k} = \mathcal{A}(D^{(k)}, \lambda)$$

を得ます．テスト誤差 $\mathbb{E}_{\boldsymbol{z}}[\ell(\boldsymbol{z}, h_{\lambda,k})]$ を，学習には使っていないデータ D_k に関する損失の平均

$$\widehat{\mathrm{Err}}(h_{\lambda,k}) = \frac{1}{m} \sum_{\boldsymbol{z} \in D_k} \ell(\boldsymbol{z}, h_{\lambda,k})$$

で近似します．これを $k = 1, \ldots, K$ に対して実行し，$\mathrm{Err}(\mathcal{A}; \lambda)$ の推定量 $\widehat{\mathrm{Err}}(\mathcal{A}; \lambda)$ を

$$\widehat{\mathrm{Err}}(\mathcal{A}; \lambda) = \frac{1}{K} \sum_{k=1}^{K} \widehat{\mathrm{Err}}(h_{\lambda,k})$$

と構成します．これを**検証誤差**といいます．各 $\widehat{\mathrm{Err}}(h_{\lambda,k})$ は独立に計算することができるので，並列化により計算効率が向上します．データ数 n が十分大きければ，検証誤差 $\widehat{\mathrm{Err}}(\mathcal{A}; \lambda)$ は $\mathrm{Err}(\mathcal{A}; \lambda)$ をよく近似することが知られています．計算手順をまとめると，図 4.2 のようになります．

■ K 重交差検証法
学習方法と損失： チューニングパラメータ λ を持つアルゴリズム $\mathcal{A}$, 損失 $\ell(\boldsymbol{z}, h)$．
入力： データ $\boldsymbol{z}_1, \ldots, \boldsymbol{z}_n$
step 1. データを，要素数がほぼ等しい K 個のグループ $D_1, \ldots, D_K$ に分割する．
step 2. $k = 1, \ldots, K$ として，次の (a), (b) を反復する．
 (a) $h_{\lambda,k} = \mathcal{A}(D^{(k)}, \lambda)$ を計算する．ここで $D^{(k)} = D \setminus D_k$．
 (b) $\widehat{\mathrm{Err}}(h_{\lambda,k}) = \frac{1}{m} \sum_{\boldsymbol{z} \in D_k} \ell(\boldsymbol{z}, h_{\lambda,k})$ を計算する．
step 3. $\widehat{\mathrm{Err}}(\mathcal{A}; \lambda) = \frac{1}{K} \sum_{k=1}^{K} \widehat{\mathrm{Err}}(h_{\lambda,k})$ を計算して出力する．

図 4.2 K 重交差検証法の計算手順．学習アルゴリズム $\mathcal{A}$ のチューニングパラメータが λ のとき，テスト誤差の期待値 $\mathrm{Err}(\mathcal{A}; \lambda)$ を推定し，出力する．

4.2 テスト誤差の推定：交差検証法

　回帰分析の例を示しましょう．回帰分析の詳細については，8 章を参照してください．データ $(x_1,y_1),\ldots,(x_n,y_n) \in \mathbb{R}\times\mathbb{R}$ が観測されたとき，出力値 y を予測するためのモデル $h(x)$ を 3 次スプラインと呼ばれる方法で推定します．損失は 2 乗誤差とし，チューニングパラメータ λ は h の滑らかさを調整します．推定には R の関数 `smooth.spline` を使います．オプション `cv` を指定するとテスト誤差の推定ができますが，ここでは交差検証法のプログラムを具体的に示します．以下のように `%do%` を `%dopar%` に置き換えると，計算機のコア数に応じて並列に計算を実行します．

```
> # スプラインに対する交差検証法
> library(doParallel)                    # 並列計算 foreach を使う
> cl <- makeCluster(detectCores())       # クラスタの作成
> registerDoParallel(cl)
> n <- 100; K <- 10                      # 設定：データ数. 10 重 CV
> # データ生成
> x <- runif(n,min=-2,max=2)             # 区間 [-2,2] 上の一様分布
> y <- sin(2*pi*x)/x + rnorm(n,sd=0.5)
> cv_idx <- rep(1:K,ceiling(n/K))[1:n]   # データをグループ分け
> lambdas <- 10^(-10:1)                  # λ の候補
> # 交差検証法の並列計算
> cv_err <- foreach(l=lambdas,.combine=c,.packages="foreach")%dopar%{
+   # 各 lambda に対して K 回反復
+   err <- foreach(k=1:K,.combine=c)%dopar%{
+     tr_idx <- which(cv_idx!=k)         # D^(k)
+     te_idx <- which(cv_idx==k)         # D_k
+     cvx <- x[tr_idx]
+     cvy <- y[tr_idx]
+     # 検証用データで学習
+     res <- smooth.spline(cvx, cvy, lambda=l)
+     # テスト誤差の推定
+     mean((y[te_idx]-predict(res,x[te_idx])$y)^2/2)
+   }
+   mean(err)
+ }
> # λ に対する検証誤差のプロット
> plot(lambdas,cv_err,log='x')
> stopCluster(cl)
```

図 4.3 (a) に検証誤差のプロットを示します．最適なチューニングパラメータは，候補の中では $\lambda = 10^{-5}$ になります．λ を他の値に設定すると，予測精度が多少下がります（図 4.3 (b)）．

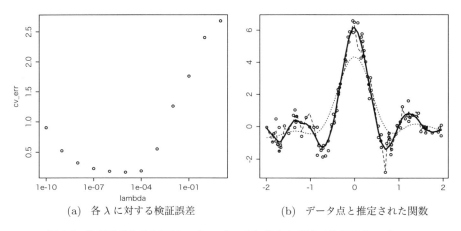

(a) 各 λ に対する検証誤差 (b) データ点と推定された関数

図 4.3 検証誤差と推定結果のプロット．(a) 各 λ に対する検証誤差のプロット．(b) データ点と推定された関数のプロット．チューニングパラメータは 10^{-5}（実線），10^{-10}（破線），10^{-3}（点線）．

4.3 ROC 曲線と AUC

ROC 曲線（receiver operating characteristic curve）は受信者動作特性曲線とも呼ばれ，もともとは通信における信号検出の精度を評価するために考案されました．まず定義を述べ，次に判別器のテスト誤差との関係について考えます．

4.3.1 定義

信号を検出する問題を考えます．信号がないときにノイズを信号と勘違いしてしまう確率を**偽陽性率**（false positive rate; FPR），信号があるときに正しく検出する確率を**真陽性率**（true positive rate; TPR）といいます．信号検出器の感度を上げていくと，信号がある（陽性）という傾向が高くなるので，偽陽性率と真陽性率はともに大きくなり，最終的には両方とも 1 に収束します．一方，感度を下げていくと，これらの確率はともに 0 に収束します．横軸を偽陽性率，縦軸を真陽性率として，感度を変えて (FPR, TPR) をプロットすると，図 4.4 のよう

4.3 ROC曲線とAUC

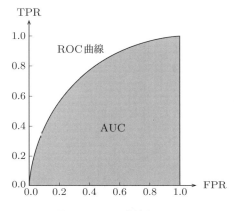

図 4.4 ROC 曲線と AUC

に $(0,0)$ と $(1,1)$ を結ぶ曲線が描けます．この曲線を **ROC 曲線** と呼びます．

ROC 曲線は，横軸の値が小さい箇所で縦軸の値が大きいほど，信号検出の観点から好ましいことになります．したがって，最適な ROC 曲線は，$(0,0), (0,1), (1,1)$ を直線で結ぶグラフです．ある検出法が最適な ROC 曲線にどのくらい近いかを測る量として，**AUC** (area under the curve) が使われます．これは ROC 曲線下面積とも呼ばれ，ROC 曲線の下側部分の面積として定義されます（図 4.4）．

AUC の計算法を説明しましょう．データ x を観測したとき，関数 $F(x)$ が $F(x) \geq c$ を満たすなら信号アリと判断するとします．信号があるときのデータの分布を P_+，信号がないときの分布を P_- とすると，

$$\mathrm{AUC} = \mathbb{E}_{X \sim P_+, X' \sim P_-}[I[F(X) \geq F(X')]] \tag{4.3}$$

となることが，計算により分かります．この式から，AUC は，分布 P_+ からのサンプルを分布 P_- からのサンプルより上位にランキングするタスクのための評価尺度として，よく用いられます．情報検索などで，クエリからウェブ上の適切なドキュメントを提示する問題などが該当します．

公式 (4.3) をデータから確認してみましょう．信号は 2 次元データとして

$$X \sim N_2(\mathbf{0}, I_2), \quad X' \sim N_2(\mathbf{1}, I_2), \quad \mathbf{1} = (1,1)^T$$

とします．データ $\boldsymbol{x} = (x_1, x_2)$ に対して，次の 2 種類の検出方法を試します．

$$F_1(\boldsymbol{x}) = x_1, \quad F_2(\boldsymbol{x}) = x_1 + x_2$$

これらの関数による信号検出は，データの分布に対してそれぞれ図 4.5 にあるような方向にデータを射影することに対応します．

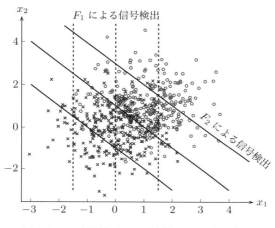

図 4.5　F_1（破線）と F_2（実線）による信号検出

R を使って，AUC を式 (4.3) に従って求めましょう．F_2 の計算をするのに，行列の行和を求める `rowSums` を使います[*3]．

```
> n <- 100                                        # データ数 100
> xp <- matrix(rnorm(n*2,mean=1),n)               # 信号アリ
> xn <- matrix(rnorm(n*2),n)                      # 信号ナシ
> mean(outer(xp[,1],xn[,1],FUN=">="))             # F1 の AUC
[1] 0.7784
> mean(outer(rowSums(xp),rowSums(xn),FUN=">="))   # F2 の AUC
[1] 0.854
>
> n <- 10000                                      # データ数 10000
> xp <- matrix(rnorm(n*2,mean=1),n)               # 信号アリ
> xn <- matrix(rnorm(n*2),n)                      # 信号ナシ
```

[*3] 行列の列和は `colSums` で計算することができます．また，行の平均や列の平均は `rowMeans`, `colMeans` で与えられます．

```
> mean(outer(xp[,1],xn[,1],FUN=">="))           # F1 の AUC
[1] 0.7627428
> mean(outer(rowSums(xp),rowSums(xn),FUN=">=")) # F2 の AUC
[1] 0.8448003
```

実際の面積を計算します．パッケージ Bolstad で提供されている数値積分のための関数 sintegral を使います．F_1 と F_2 の分布はそれぞれ

$$F_1(X) \sim N(0,1), \quad F_1(X') \sim N(1,1)$$
$$F_2(X) \sim N(0,2), \quad F_2(X') \sim N(2,2)$$

となり，これから ROC 曲線を求めることができます．よって，AUC の数値積分は次のようになります．

```
> library(Bolstad)                    # sintegral を使う
> c <- seq(-10,10,by=0.01)
> # F1
> fpr <- function(c){1-pnorm(c)}
> tpr <- function(c){1-pnorm(c,mean=1)}
> sintegral(fpr(c),tpr(c))$value
[1] 0.7602481
> # F2
> fpr <- function(c){1-pnorm(c,sd=sqrt(2))}
> tpr <- function(c){1-pnorm(c,mean=2,sd=sqrt(2))}
> sintegral(fpr(c),tpr(c))$value
[1] 0.8413435
```

数値積分では F_1 の AUC は 0.7602481，F_2 の AUC は 0.8413435 となることが分かります．データから求めた値は，データ数が 10000 のときはそれぞれ 0.7627428, 0.8448003 となっています．式 (4.3) に基づく標本平均から，AUC の近似値を計算できます．

■ 4.3.2 AUC とテスト誤差

判別器のテスト誤差と AUC の関係を見ます．データ $(\boldsymbol{x},y) \in \mathbb{R}^d \times \{0,1\}$ がある分布に従って生成されるとします．関数 $f(\boldsymbol{x})$ とある定数 c を定め，$f(\boldsymbol{x}) \geq c$

なら $y = 1$ と予測し，$f(\boldsymbol{x}) < c$ なら $y = 0$ と予測する判別器を考えます．偽陽性率を $\mathrm{FPR}(c) = \Pr\{f(\boldsymbol{x}) \geq c | y = 0\}$，真陽性率を $\mathrm{TPR}(c) = \Pr\{f(\boldsymbol{x}) \geq c | y = 1\}$ とすると，この判別器のテスト誤差は

$$\mathrm{Err}(c) = \Pr(y = 0) \cdot \mathrm{FPR}(c) + \Pr(y = 1) \cdot (1 - \mathrm{TPR}(c))$$

となります．$\Pr(y = 0)$, $\Pr(y = 1)$ はラベルの周辺確率です．しきい値 c におけるテスト誤差に，重み $w(c) = -\frac{d}{dc}\mathrm{FPR}(c) \geq 0$ を付けて平均すると

$$\int_{-\infty}^{\infty} \mathrm{Err}(c) w(c) dc = \frac{1}{2} \Pr(y = 0) + \Pr(y = 1)(1 - \mathrm{AUC})$$

となります．重み $w(c)$ はパラメータ c の単調変換の違いを吸収する役割を担っています．

　以上の結果から，AUC の値が大きいほどテスト誤差の重み付き平均が小さくなることが分かります．さらに，ラベル確率 $\Pr(y = 0)$, $\Pr(y = 1)$ がどのような値でも，AUC の値が大きいほうが重み付き平均は小さくなります．この意味で，AUC が大きい判別法のほうがラベル確率にかかわらず一様に優れていると言えます．ただし，固定したしきい値に対する（通常の）テスト誤差を比較するとき，AUC の小さい判別法のほうが優れている場合もあります．

第5章
データの整理と特徴抽出

本章では,観測データを整理し,分かりやすい表現を得るための基本的な統計手法について説明します.扱う手法は主成分分析,因子分析,多次元尺度構成法です.詳しい説明は文献 [10] などにあります.

本章で使うパッケージ
- car, mlbench, HSAUR3:データの例
- MASS:多次元尺度構成法

5.1 主成分分析

d 次元データ $x_1, \ldots, x_n$ が観測されたとき,散らばり具合をできるだけ保ったままデータの低次元の表現を得ることを考えます.このような手法は,高次元データの前処理で有用です.

主成分分析(principal component analysis; PCA)では,d 次元データをそれより次元の低い k 次元平面 W に線形変換します.W は原点を通る超平面 W_0 とベクトル $a \in \mathbb{R}^d$ を用いて,$W = W_0 + a$ と表せます.部分空間 W_0 への射影行列を Π とすると,データ点 x は W への射影により

$$x \longmapsto a + \Pi(x - a)$$

と変換されます.射影による誤差を2乗損失で測ると,すべてのデータ点に関する誤差の総和は

$$\sum_{i=1}^{n} \|\boldsymbol{x}_i - (\boldsymbol{a} + \Pi(\boldsymbol{x}_i - \boldsymbol{a}))\|^2 \tag{5.1}$$

となります．これを最小にする $\boldsymbol{a}$ は，データ点の平均 $\bar{\boldsymbol{x}} = \frac{1}{n}\sum_{i=1}^{n}\boldsymbol{x}_i$ で与えられます．また，Π は次のように定まります．まず，データの分散共分散行列 S を

$$S = \frac{1}{n}\sum_{i=1}^{n}(\boldsymbol{x}_i - \bar{\boldsymbol{x}})(\boldsymbol{x}_i - \bar{\boldsymbol{x}})^T$$

とし，S の固有値を $\lambda_1 \geq \lambda_2 \geq \cdots \geq \lambda_n \geq 0$ とおきます．対応する固有ベクトルを $\boldsymbol{w}_1, \ldots, \boldsymbol{w}_n$ とすると，Π は $\boldsymbol{w}_1, \ldots, \boldsymbol{w}_k$ で張られる k 次元部分空間への射影行列として与えられます（図 5.1）．固有ベクトル $\boldsymbol{w}_j$ を第 j **主成分ベクトル**，標本平均を引いたデータ $\boldsymbol{x} - \bar{\boldsymbol{x}}$ の $\boldsymbol{w}_j$ 方向への座標 $(\boldsymbol{x} - \bar{\boldsymbol{x}})^T \boldsymbol{w}_j$ を，第 j **主成分得点**といいます．

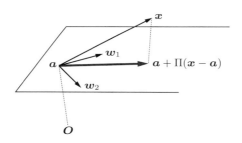

図 5.1 部分空間へのデータの射影

最適な $\boldsymbol{a}$ がデータ点の平均ベクトルで与えられることから，最初からデータを平行移動して $\bar{\boldsymbol{x}} = \boldsymbol{0}$ となるようにしておきます．以下，

$$\bar{\boldsymbol{x}} = \boldsymbol{0}, \quad S = \frac{1}{n}\sum_{i=1}^{n}\boldsymbol{x}_i \boldsymbol{x}_i^T$$

とします．

低次元空間の次元 k の決め方として，**累積寄与率**がよく用いられます．累積寄与率 c_k は，固有値を用いて

$$c_k = \frac{\lambda_1 + \cdots + \lambda_k}{\lambda_1 + \cdots + \lambda_n} \in [0, 1]$$

と定義されます．行列 S が非負定値行列であることから，累積寄与率は 0 から 1 の値をとります．例えば c_k がある値（0.8 など）を超える最小の k を採用します．

R の関数 **prcomp** で主成分分析を行えます[*1]．car パッケージの Davis データを用いて主成分分析を行った例を示しましょう．データ Davis の 2, 3 列目を取り出すと，各行がデータ点 $\boldsymbol{x}_i = (w_i, h_i)$ に対応します．ここで，w_i は i 番目の人の体重〔kg〕，h_i は身長〔cm〕を表します．データのプロットを図 5.2 (a) に示します．右下にある $i = 12$ のデータは外れ値と見なして除きます．身長の単位を メートル に変換して対数をとり，主成分分析を行います．主成分分析によって BMI（body mass index）のような指標が導けるか試してみます．

```
> library(car)            # Davis データを使う
> data(Davis)             # データ読み込み
> plot(Davis[,c(2,3)])    # データのプロット
```

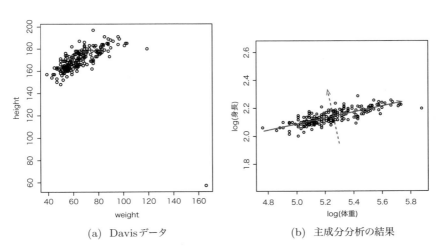

(a) Davisデータ　　(b) 主成分分析の結果

図 5.2 主成分分析．(a) Davis データのプロット．右下に大きく外れたデータが一つ存在している．(b) 主成分分析の結果．実線が第 1 主成分方向，破線が第 2 主成分方向．

[*1] データ行列に対する特異値分解（**svd**），またはデータの分散共分散行列に対する固有値分解（**eigen**）でも，主成分分析の情報が得られます．

```
> # i=12 のデータは外れ値として除去
> # 身長の単位をメートルに変換し，対数の値を計算
> d <- log(cbind(Davis[-12,2],Davis[-12,3]/100))
> pca <- prcomp(d); pca                    # 主成分分析を実行，結果の表示
Standard deviations:
[1] 0.19986697 0.03176271
Rotation:
            PC1        PC2
[1,] -0.9775487 -0.2107098
[2,] -0.2107098  0.9775487
> summary(pca)                              # 結果のまとめを表示
Importance of components%s:
                          PC1     PC2
Standard deviation     0.1999 0.03176
Proportion of Variance 0.9754 0.02463
Cumulative Proportion  0.9754 1.00000    # 累積寄与率
```

図 5.2 (b) の矢印が第 1 主成分ベクトル（PC1）と第 2 主成分ベクトル（PC2）を表します．解釈を考えると，第 1 主成分得点は体の大きさ，第 2 主成分得点は肥満の程度を表すと捉えることができそうです．第 2 主成分得点は

$$0.21\log(w_i) - 0.98\log(h_i) + \text{定数} \approx 0.21 \times \log\left(\text{定数} \times \frac{w_i}{h_i^{4.64}}\right) \quad (5.2)$$

となります．定数は平均値の補正分です．実際に使用されている BMI は w_i/h_i^2 なので，身長に対するベキが異なります．体脂肪率との相関では BMI のほうが良いようです．なお，単位系を変えても，式 (5.2) は定数の部分を直すだけでそのまま使えます．

多次元データの各次元の単位が異なるときは，データを適当に標準化してから主成分分析を行うことが推奨されます．よく使われる標準化法は，データの各成分の分散が 1 になるように定数倍することです．これは，データの分散共分散行列の代わりに相関行列を用いることと同じです．関数 **prcomp** は，scale オプションを TRUE とすると，相関行列を用いた主成分分析を行います．

5.2 因子分析

因子分析も，主成分分析と同様に多次元データ $x \in \mathbb{R}^d$ をより低次元の要素で表現する方法です．しかし，データに対する仮定が異なります．因子分析では，データ $x_i \in \mathbb{R}^d$ の背後に因子 $f_i \in \mathbb{R}^k$ が存在して，

$$x_i = \Lambda f_i + \varepsilon_i \tag{5.3}$$

と表されると仮定します．因子分析では，x_i と f_i はともに確率変数としてモデル化します．Λ は**因子負荷行列**と呼ばれる $d \times k$ 行列です．また，ε_i はモデル Λf では表せない残差を表す k 次元確率変数とします．f_i を**共通因子**，ε_i を**独自因子**と呼ぶこともあります．

典型的な例として，各教科の試験の得点を並べたベクトル $x \in \mathbb{R}^d$ を考えます．因子 $f \in \mathbb{R}^2$ を，理系の学力と文系の学力を数値化して並べたベクトルとすると，データに直感的な解釈を与えることができます．実際のデータ解析では，f に対する解釈は最初は与えられていません．因子分析による解析を通して，データの背後にある要因を解釈し定量化することが重要です．

式 (5.3) に仮定を置きます．まず，x_i の期待値は $\mathbf{0}$ とします．また，x_i の要素間の相関は，すべて行列 Λ で説明されるとします．すなわち，ε_i の分散共分散行列は対角行列とします．さらに，f_i の期待値は $\mathbf{0}$，分散共分散行列は I（単位行列）に規格化されているとし，因子 f_i が x_i に与える影響の大きさは行列 Λ の要素の大小で表されるとします．まとめると，

$$\mathbb{E}[f_i] = \mathbf{0}, \quad \mathbb{V}[f_i] = I, \quad \mathbb{E}[\varepsilon_i] = \mathbf{0}, \quad \mathbb{V}[\varepsilon_i] = \Psi$$

となります．ここで，Ψ は対角行列とします．このとき，x_i の分散共分散行列は

$$\mathbb{V}[x_i] = \Lambda \Lambda^T + \Psi$$

となります．データ $x_1, \ldots, x_n$ から Λ や Ψ を推定し，f_i を再構成します．データの相関行列に対しても同じモデルを仮定することができます．多くの応用では相関行列を用います．推定では，データから計算した相関行列に近くなるように，Λ と Ψ を定めます．適当な統計モデルのもとで最尤推定を用いる方法や，2乗誤差を用いる方法などがあります．

ここで，Λ と $\boldsymbol{f}_i$ には直交行列分の自由度があることに注意してください．すなわち，直交行列 Q に対して $\Lambda \boldsymbol{f}_i = (\Lambda Q)(Q^T \boldsymbol{f}_i)$ となるので，真のモデルが Λ と $\boldsymbol{f}_i$ なのか，それとも ΛQ と $Q^T \boldsymbol{f}_i$ なのか区別がつきません．そこで，直交行列を定められるように，適当な基準を設定します．できるだけ解釈しやすい結果を与えるような回転が好まれます．そのための代表的な例として，バリマックス回転やプロクラステス回転などがあります．バリマックス回転では，因子負荷行列の要素が絶対値の大きい値と 0 に近い値の両極端に分かれるように直交行列を定めます．プロクラステス回転では，因子負荷行列が事前に設定したパターンに近づくように直交行列を定めます．

データ $\boldsymbol{x}$ に対して，因子 $\boldsymbol{f}$ の各成分がどのくらい影響しているかを求める方法として，トムソン法やバートレット法などがあります [10]．基本的な考え方は，$\boldsymbol{x}$ の線形変換が平均的に $\boldsymbol{f}$ に近くなるように，最小 2 乗法により変換行列を求めることです．トムソン法では通常の 2 乗損失を用い，バートレット法では重み付き 2 乗損失を用います．これにより，各データに対してどの因子が効いているかを調べることができます．

パッケージ mlbench で提供されている BostonHousing データに，関数 **factanal** を適用して因子分析を行います．BostonHousing は，米国ボストン市郊外の住宅価格を地域別に示したデータセットです．部屋数や周辺の犯罪率などの情報が含まれます．家賃以外の変数から家賃を予測するなどのタスクで，ベンチマークデータとしてよく用いられます．

```
> library(mlbench)          # BostonHousing を使う
> data(BostonHousing)       # データ読み込み
> ?BostonHousing            # 各変数の説明
```

factanal のオプション factors で因子数を指定します．また，scores で各データに対する因子スコアの計算法を指定します．出力では，独自因子 (uniquenesses)，因子負荷行列 (loadings)，因子数が十分かどうかの検定に対する p 値などが表示されます．因子負荷行列は，ノルムが大きい順に第 1 列から表示されます．直交行列成分の推定では，デフォルトはバリマックス回転です．

BostonHousing から家賃の情報を除き，因子数を 3 として **factanal** を実行した結果を示します．

```
> # カテゴリデータを数値化
> BostonHousing$chas <- as.numeric(BostonHousing$chas)
> # 因子数 3，因子スコアをトムソン法で計算
> f <- factanal(BostonHousing[,-14],factors=3,scores='regression')
> f$loadings
Loadings:
        Factor1 Factor2 Factor3
crim     0.579   0.183   0.150
zn      -0.137  -0.666  -0.199
indus    0.535   0.616   0.261
chas             0.156  -0.146
nox      0.498   0.714   0.133
rm      -0.109  -0.172  -0.867
age      0.317   0.764   0.116
dis     -0.342  -0.845
rad      0.915   0.204
tax      0.921   0.259   0.168
ptratio  0.418           0.345
b       -0.427  -0.184
lstat    0.372   0.450   0.569

               Factor1 Factor2 Factor3
SS loadings      3.301   3.069   1.421
Proportion Var   0.254   0.236   0.109
Cumulative Var   0.254   0.490   0.599

> # 因子スコアのプロット
> plot(data.frame(f$scores))
```

負荷因子行列の第 1 列を見ると，第 1 因子は tax（固定資産税）や rad（ハイウェイへのアクセスの良さ）などの重要度が高くなっています．第 2 因子は，dis（勤務地の中心からの加重平均）の係数の絶対値が大きくなっています．また，第 3 因子は主に rm（部屋の広さ）の影響が大きく，家賃と高い相関を示しています．図 5.3 に第 1，第 2 因子スコアのプロットを示します．第 1 因子によりデータが 2 群に分けられていることが見てとれます．

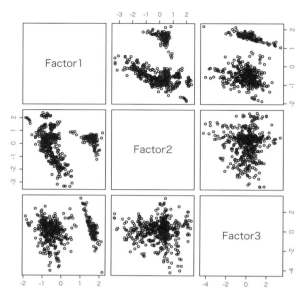

図 5.3 BostonHousing データの因子スコアのプロット

5.3 多次元尺度構成法

データの間の（非）類似度のみが与えられているとき，各データを類似度に合わせてユークリッド空間上に配置するための手法として，**多次元尺度構成法** (multi dimensional scaling; MDS) があります．アンケートで，選択肢のうちどれが好きかという選好データを解析するときなどに使われます．

アイテム（対象物）が $i = 1, \ldots, n$ の n 個あるとします．観測量として，各アイテム i, j 間の非類似度 d_{ij} $(i, j = 1, \ldots, n)$ が与えられている状況を考えます．非類似度は非負値とし，値が小さいほど似ているとします．目標は，適当な次元の空間（例えば $\mathbb{R}^k$）に，アイテム i に対応する点 $\bm{v}_i \in \mathbb{R}^k$ を，$\|\bm{v}_i - \bm{v}_j\|$ が d_{ij} に近い値になるように配置することです．非類似度が距離とは異なっていたり，次元 k が低いときは，正確に等号が成り立つように点を配置することはできません．しかし，各アイテム間の関係を直感的に把握するための方法として有用です．

5.3 多次元尺度構成法

非類似度 d_{ij} が距離によって与えられると仮定して点配置を求める手法を，計量的 MDS と呼びます．距離 d_{ij} と配置 v_i, v_j の関係について説明しましょう．ユークリッド空間 $\mathbb{R}^k$ の点 $v_1, \ldots, v_n$ に対して，互いの距離を $d_{ij} = \|v_i - v_j\|$ とします．このとき，$\sum_{j=1}^n d_{ij}^2$ や $\sum_{i,j=1}^n d_{ij}^2$ と v_i $(i=1,\ldots,n)$ の関係から，内積 $v_i^T v_j$ を

$$v_i^T v_j = \frac{1}{2}\left\{\frac{1}{n}\sum_{k=1}^n (d_{ik}^2 + d_{jk}^2) - \frac{1}{n^2}\sum_{k,\ell=1}^n d_{k\ell}^2 - d_{ij}^2\right\}$$

と表すことができます[*2]．行列 B を $B_{ij} = v_i^T v_j$ として，B のコレスキー分解 $B = V^T V$ などにより，点配置 $V = (v_1, \ldots, v_n)$ を再構成することができます．

簡単な例を示します．一様分布から点を生成し，その点の間の距離行列 $d = (d_{ij})$ を `dist` で計算します．MDS を使って距離行列から点配置を再構成します．これには関数 `cmdscale` を用います．関数名は classical multi-dimensional scaling を意味しています．上記のように行列 B を経由して点の位置を求めます．オプションで次元 k の値を指定します．デフォルト値は $k=2$ です．

```
> n <- 10
> k <- 2
> V <- matrix(runif(n*k),n,k)      # 点の生成
> d <- dist(V)                      # 各点間の距離
> rV2 <- cmdscale(d,k=2)            # 2 次元点配置を再構成
> rV1 <- cmdscale(d,k=1)            # 1 次元点配置を再構成
```

元の点 V と再構成した点 rV2 のプロットを図 5.4 に示します．これらのプロットは，回転（直交変換）と平行移動の自由度を除いて一致します．

```
> # rV2 のプロット
> plot( V, type="p", cex=2.4, main="点配置")
> text(V[,1],V[,2],labels=0:(n-1))
> plot(rV2, type="p", cex=2.4, main="再構成した点配置")
> text(rV2[,1],rV2[,2],labels=0:(n-1))
```

[*2] 再構成した点配置の平均ベクトルが $\mathbf{0}$ になるように，平行移動しています．

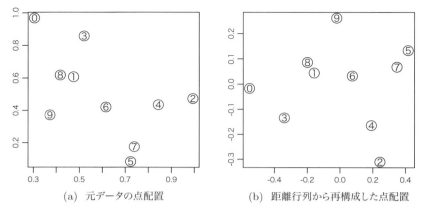

図 5.4　MDS による点配置の再構成

1 次元の点として再構成した結果 rV1 を，図 5.5 に示します．これは，行列 B の第 1 主成分得点に（定数倍を除いて）一致します．再構成する空間の次元が元の空間の次元より低いため，元の点配置の関係を完全には再現できません．

図 5.5　距離行列から $\mathbb{R}$ 上に点配置を再構成した結果

上の問題設定では，数値誤差がなければ行列 B のランクが 2 となるので，$k = 2$ として点配置を再構成できることが分かります．関数 **cmdscale** の eig オプションを eig=TRUE と設定すれば，行列 B の固有値も得られます．

```
> cmdscale(d,k=2, eig=T)$eig                # TRUE は T と略記できる
[1]  8.818929e-01  2.424599e-01  1.153710e-16
 1.288647e-17  9.406908e-18
[6]  6.268090e-18 -6.611440e-18 -2.238193e-17
 -7.591578e-17  -1.592710e-16
```

10×10 非負定値行列 B の第 3 固有値以降には微少な負の値もあります．これは数値誤差のためで，本来は正確に 0 になります．第 1 固有値までの累積寄与

率はおよそ 0.78，第 2 固有値までの累積寄与率でほぼ 1 を達成しています．一方，距離行列を生成するときマンハッタン距離（L_1 距離）を用いると，行列 B の非負定値性が保証されないため，（数値誤差ではない）負の固有値を持つことがあります．

```
> d <- dist(V, method="manhattan")
> cmdscale(d,k=2,eig=T)$eig
[1]  1.591859e+00  3.084589e-01  1.270885e-01
 1.775054e-02  1.794414e-03
[6] -3.747003e-16 -4.014445e-03 -5.705000e-03
 -2.613529e-02 -8.087158e-02
```

このときに得られる点配置は，図 5.4 (b) とあまり変わらないことが確認できます．行列 B の固有値を調べることで，非類似度がユークリッド距離と異なるかどうか推測できることを示唆しています．

次に，非計量的 MDS を紹介します．非類似度は，必ずしもユークリッド距離で近似できるとは限らないとします．このとき，距離と内積の関係から導出された計量的 MDS では，適切に点配置を求められないときもあります．しかし，非類似度と距離との間には，一方が大きければ他方も大きいという単調性は成り立つとします．このとき，ストレスと呼ばれる次の関数

$$\frac{\sum_{i,j}(f(d_{ij}) - \|\boldsymbol{v}_i - \boldsymbol{v}_j\|)^2}{\sum_{i,j}\|\boldsymbol{v}_i - \boldsymbol{v}_j\|^2}$$

を考え，これを最小にするような点 $\boldsymbol{v}_1,\ldots,\boldsymbol{v}_n \in \mathbb{R}^k$ と単調関数 f を求めます．ストレスの分子は，非計量的な非類似度 d_{ij} の単調変換 $f(d_{ij})$ と距離 $\|\boldsymbol{v}_i - \boldsymbol{v}_j\|$ との誤差を表し，分母の項はすべての点が 1 点に集中するような縮退を防ぐ目的で導入されています．MASS パッケージの関数 `isoMDS` により，ストレスのもとでの点配置を求めることができます[*3]．

HSAUR3 パッケージで提供されている voting データを用いた例を示します．非類似度 d_{ij} $(i,j=1,\ldots,15)$ は，ニュージャージー州議会議員 15 人が，19 の環境法案に対して衆議院で異なる投票をした回数を示し，0 から 19 の整数値を

[*3] 必ずしも大域的な最適解を与えるとは限りません．

とります．投票行動の相対的な差異から，各議員の立ち位置を非計量的 MSD で求めましょう．

```
> library(MASS)              # isoMDS を使う
> library(HSAUR3)            # voting データを使う
 要求されたパッケージ tools をロード中です
> data(voting)               # データ読み込み
> nmMDS <- isoMDS(voting)    # 非計量的 MDS(デフォルトで k=2)
initial  value 15.268246
iter   5 value 10.264075
final  value 9.879047
converged
```

結果をプロットします（図 5.6 (a)）．

```
> col <- c()                                        # 各点の色を設定
> col[grep("(R)",rownames(nmMDS$points))] <- 2      # Republican Party
> col[grep("(D)",rownames(nmMDS$points))] <- 4      # Democratic Party
> # 色分けして数字を表示
> plot(nmMDS$points,type='n')
> text(nmMDS$points,col=col)
```

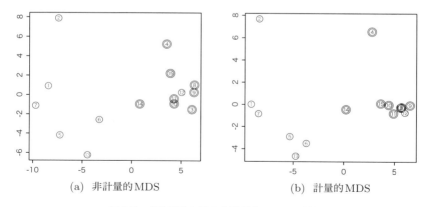

図 5.6 非計量的 MDS と計量的 MDS の結果

図 5.6 (a) では，一重丸は共和党（Republican Party）議員で，二重丸は民主党（Democratic Party）議員です[*4]．12 番の共和党議員は，投票行動が民主党に近いことが分かります [11]．同じデータに **cmdscale** による計量的 MDS を適用します．

```
> mMDS <- cmdscale(voting,eig=T)          # 計量的 MDS
```

プロットの方法は非計量的 MDS の場合と同じです．図 5.6 (b) に示します．傾向は似ていますが，民主党議員（3, 8, 9, 10, 11, 15）の散らばり方が非計量的 MDS で得られる結果とは若干異なります．

[*4] 紙面ではほとんど同じ色ですが，実際にプロットすると共和党議員の数字は赤色，民主党議員の数字は青色になります．

第6章
統計モデルによる学習

　データを生成する確率分布に対して，ある程度の事前知識があるとします．このとき，事前知識を適切に反映した統計モデルを設定することで，高い予測精度を達成することができます．統計モデルを用いる学習法として，最尤推定やベイズ推定がよく用いられます．本章では，主に最尤推定について説明し，その具体的な計算アルゴリズムとして EM アルゴリズムを紹介します．最後に，ベイズ推定について簡単に紹介します．

6.1　統計モデル

　物理実験などの測定を考えると，通常，測定誤差は避けられません．このような誤差は実験環境によって変動するものであり，完全にコントロールすることは難しいと考えられます．

例 6-1　光の速度を測定した morley データをプロットします（図 6.1）.

```
> data(morley)                    # データ読み込み
> dat <- morley[,3]+299000        # データを補正
> # プロット
> hist(dat,breaks=seq(299600, 300100, by=20), col=5, ylim=c(0,17))
```

　観測データから，光速度 c を推定することを考えます．測定誤差を考慮して，

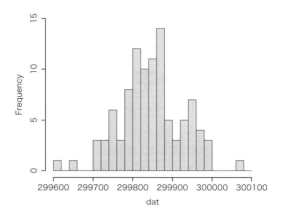

図 6.1 適当な物理的条件のもとで光の速度を測定した結果のヒストグラム．横軸の単位は km/sec．縦軸は頻度．

データ x_i を次のような確率変数の実現値と考えます．

$$X_i \;=\; c \;+\; Z_i \qquad (i=1,\ldots,n) \tag{6.1}$$
（測定量）（光速度）（観測誤差，偶然変動）

ここで，c は定数，Z_i と X_i は確率変数とし，定数 c にランダムな誤差 Z_i が加わり X_i が得られたと考えます． □

式 (6.1) のような，データの観測過程に対する確率的な仮説を**統計モデル**といいます．狭義には，パラメータ θ で指定される確率密度 $p(x;\theta)$ の集合 $\{p(x;\theta) : \theta \in \Theta\}$ を統計モデルといいます（Θ は適当なパラメータ集合）．例えば，$x>0$ に対する確率密度の集合

$$\{p(x;\theta) = \theta e^{-\theta x} \mid \theta > 0\}$$

は，パラメータ θ を持つ指数分布からなる統計モデルです．

6.2 統計的推定

統計モデルを用いる統計的推定の問題は，次のように定式化できます．

統計的推定の問題

統計モデルを $p(x;\theta), \theta \in \Theta$ とし，確率変数 X の確率密度が，あるパラメータ $\theta^* \in \Theta$ を用いて $p(x;\theta^*)$ と表せるとする．

$$X \sim p(x;\theta^*)$$

パラメータ θ^* が未知のとき，X の実現値 x から θ^* を推定する．

例 6-1 において Z_i が正規分布 $N(0,\sigma^2)$ に従うと仮定すると，X_i に対する統計モデルとして

$$N(\mu, \sigma^2) \quad (\mu \in \mathbb{R},\ \sigma^2 > 0)$$

を考えていることになります．この場合，パラメータは μ と σ^2 の二つです．真のパラメータは $\mu^* = c$ で与えられ，データから c を推定することが目標になります．

統計モデルを構成するとき，正規分布がよく用いられます．期待値 μ，分散 σ^2 で定まる正規分布 $N(\mu, \sigma^2)$ の確率密度関数 $\phi(x;\mu,\sigma^2)$ は，

$$\phi(x;\mu,\sigma^2) = \frac{1}{\sqrt{2\pi\sigma^2}} \exp\left\{-\frac{(x-\mu)^2}{2\sigma^2}\right\} \tag{6.2}$$

で与えられます（図 6.2）．

例 6-1 のほかにも，身長や体重の分布などは正規分布で良く近似できます（図 6.3 (a)）．正規分布は理論上は負の値が出現することもありますが，正の値しかとらない確率変数の分布に対する近似として，正規分布が用いられることもあります．

データを変換すれば正規分布で良く近似できる場合もあります．例として，日経平均株価を考えましょう．ある日時を基準にして n 日目の（日経平均）株価を

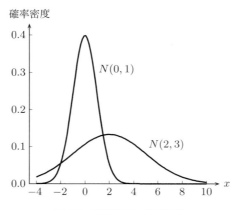

図 6.2 正規分布の密度関数

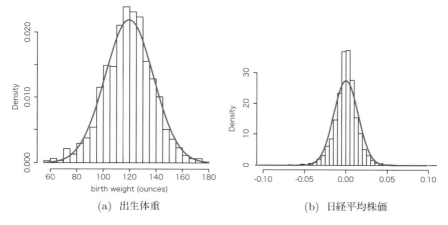

(a) 出生体重　　　　　　　(b) 日経平均株価

図 6.3 正規分布による近似．(a) 出生体重，(b) 日経平均株価 (1984/1/4 〜 2013/11/15) の対数収益率のプロット．実線は正規分布による近似．

X_n とすると，$\log(X_{n+1}/X_n)$（対数収益率）の分布は図 6.3 (b) のようになります．正規分布による近似がほぼ成立すると考えられます．

　他の例として，英文のメールに含まれる大文字の個数の分布があります．普通のメールと迷惑メールのそれぞれで，メールの文章中に含まれる大文字の個数を n とします．このとき，$\log_{10}(n)$ のヒストグラムを図 6.4 に示します．ヒストグラムに正規分布の密度関数を重ねてプロットすると，迷惑メールのほうは正規分

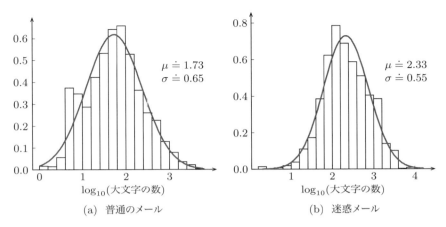

図 6.4 メールに含まれる大文字の数の頻度．実線は正規分布 $N(\mu, \sigma^2)$ で当てはめた結果．

布でおおよそ近似できそうです．このように，迷惑メールと普通のメールでは大文字の個数の分布が多少異なる（迷惑メールのほうが大文字が多い傾向がある）ので，迷惑メールを仕分ける際に有益な情報になりうることが分かります．

上の例からも分かるように，正規分布は統計的モデリングを行う際に基礎となる重要な分布です．さまざまな要因が相互作用して観測誤差が生じる状況で，正規分布が自然に現れます．ただし，実データが厳密に正規分布に従うことはほとんどないので，正規分布からのずれを意識することも，データ解析において重要です．

6.3 最尤推定

データの分布の確率密度を $p(x; \theta)$ とします．観測データからパラメータ θ を推定するために，**最尤推定**が汎用的な方法として実データの解析に広く用いられています．観測値 x が分布 $p(x; \theta)$ から得られているとします．このとき

$$p(x; \widehat{\theta}) = \max_{\theta} p(x; \theta)$$

を満たすパラメータ $\widehat{\theta}$ を θ の最尤推定量といいます．最尤推定量は，データ x が観測されたとき「x が出現する確率が大きいので観測された」という考え方に基づいています（図 6.5）．

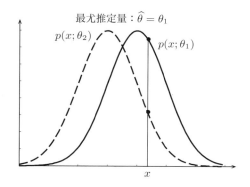

図 6.5 最尤推定と尤度の最大化．$p(x;\theta_2)$ より $p(x;\theta_1)$ のほうが尤度が大きい．したがって，データ x を説明する分布として $p(x;\theta_1)$ のほうがもっともらしい．

観測データ x が与えられているとき，確率密度関数 $p(x;\theta)$ を θ の関数と見なして

$p(x;\theta)$: **尤度関数** (likelihood function)
$\log p(x;\theta)$: **対数尤度関数** (log-likelihood function)

といいます．実際に計算するときは，尤度より対数尤度がよく用いられます．データ $x_1,\ldots,x_n$ が独立に同一の分布 $p(x;\theta)$ に従うときには

$$p(x_1,\ldots,x_n;\theta) = \prod_{i=1}^{n} p(x_i;\theta)$$

となるので，最尤推定量 $\widehat{\theta}$ は最適化問題

$$\max_{\theta} \sum_{i=1}^{n} \log p(x_i;\theta)$$

の解として与えられます．

6.4 最尤推定量の計算法

データ $x_1,\ldots,x_n$ は i.i.d. とします．尤度の最適解を求めるため，対数尤度関数の極値条件を考えます．例えば θ が 1 次元パラメータのとき，対数尤度が微分可能なら，最尤推定量 $\widehat{\theta}$ は

$$\frac{d}{d\theta} \sum_{i=1}^{n} \log p(x_i; \widehat{\theta}) = 0$$

の解となります．この式を**尤度方程式**と呼びます．パラメータが多次元のとき，$\theta = (\theta_1, \ldots, \theta_d) \in \mathbb{R}^d$ とすると

$$\text{尤度方程式：} \quad \frac{\partial}{\partial \theta_k} \sum_{i=1}^{n} \log p(x_i; \widehat{\theta}) = 0 \quad (k = 1, \ldots, d)$$

を解くことで，最尤推定量が得られます．正規分布の期待値と分散のパラメータに対する最尤推定量は，このような計算から求めることができます．

しかし，実際の多くの例の場合，尤度方程式の解を簡単に求めることができず，ニュートン法などの数値最適化法を用いて対数尤度を最大化する必要があります．

■ 6.4.1　例：一様分布のパラメータ推定

最尤推定の簡単な例を示します．区間 $[0, \theta]$ 上の一様分布（$U[0, \theta]$ と表す）から独立に得られた観測値を $x_1, x_2, \ldots, x_n$ とします．これらの観測値からパラメータ θ の最尤推定量 $\widehat{\theta}$ を計算します．パラメータ θ の範囲は $\theta > 0$ です．一様分布の密度関数は

$$f(x; \theta) = \frac{1}{\theta} I[0 \leq x \leq \theta]$$

です．ここで，$I[A]$ は A が真なら 1，偽なら 0 をとる定義関数です．観測値 $x_1, x_2, \ldots, x_n$ のもとでの尤度関数 $L(\theta)$ は

$$L(\theta) = \frac{1}{\theta^n} \prod_{i=1}^{n} I[0 \leq x_i \leq \theta] = \begin{cases} \dfrac{1}{\theta^n}, & 0 \leq x_1, \ldots, x_n \leq \theta \\ 0, & \text{その他} \end{cases}$$

$$= \begin{cases} \dfrac{1}{\theta^n}, & 0 \leq \min_i x_i \ \text{かつ} \ \max_i x_i \leq \theta \\ 0, & \text{その他} \end{cases}$$

となります．尤度関数のグラフを図 6.6 に示します．尤度を最大にするパラメータ（最尤推定量）$\widehat{\theta}$ は

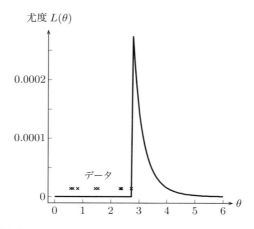

図 6.6　一様分布のパラメータ θ に関する尤度関数．$U[0,3]$ から 8 個のデータが得られたときの尤度関数を示している．このデータでは，最尤推定量は $\widehat{\theta} \fallingdotseq 2.78$ となる．

$$\widehat{\theta} = \max_i x_i$$

となります．図 6.6 の尤度関数は微分不可能なので，極値条件からパラメータを求めることはできません．

区間 $[0,1]$ 上の一様分布からデータを生成し，右端の値 $\theta = 1$ を最尤推定で推定すると，次のようになります．

```
> x <- runif(10)         # データ数 10
> max(x)                 # 最尤推定
[1] 0.94578
> x <- runif(100)        # データ数 100
> max(x)                 # 最尤推定
[1] 0.9921771
```

データが多いほうが，平均的には推定の精度が高くなります．

一様分布 $U[0,\theta]$ のパラメータ θ の最尤推定量を $\widehat{\theta}$ とします．この場合，最尤推定量は不偏性と呼ばれる性質

$$\mathbb{E}[\widehat{\theta}] = \theta$$

を満たしません．ここで，期待値は観測データの分布について計算しています．不偏性とは，推定量は平均的には真のパラメータを正しく推定するという性質です．最尤推定を補正して，n 個のデータに対して

$$\widetilde{\theta} = \frac{n+1}{n}\widehat{\theta}$$

とすると，$\widetilde{\theta}$ はパラメータ θ に対して不偏性を満たします．

不偏性を満たす推定量の精度を R で計算します．関数 **apply** は，指定された関数を行列や配列に適用します．

```
> n <- 10                        # データ数
> x <- runif(n)                  # データ生成
> ((n+1)/n) * max(x)             # 不偏推定量
 [1] 1.054494
> # 100 セットのデータを生成
> X <- matrix(runif(100*n),100,n)
> # 最尤推定の平均値
> mean(apply(X,1,max))           # apply で行列 X の各行に max を適用
 [1] 0.9135511
> # 不偏推定の平均値
> mean(((n+1)/n)*apply(X,1,max))
 [1] 1.004906
```

不偏性を満たす推定量のほうが，平均的には真の値 $\theta = 1$ に近い値をとることが分かります．統計モデルが一様分布なら不偏推定の計算は簡単ですが，複雑な統計モデルに対して，不偏な推定量を構成することは一般に困難です．しかし，最尤推定はたいていの統計モデルに適用できます．ただし，最大化問題の大域的な最適解が得られるかどうかは，統計モデルの性質に依存します．

■ 6.4.2　例：統計モデルのパラメータ推定

より現実的な統計モデルに対する最尤推定の例を紹介します．ここでは，血液型の表現型から，遺伝子型の割合を推定する問題を考えます．血液型には A, B, AB, O の 4 種類があり，対立遺伝子には a, b, o の 3 種類があります．対応は表 6.1 のようになっています．

第 6 章 統計モデルによる学習

表 6.1 血液型の表現型と遺伝子型

表現型	遺伝子型	人数
A	aa, ao, oa	n_A
B	bb, bo, ob	n_B
AB	ab, ba	n_AB
O	oo	n_O

対立遺伝子 a, b, o の割合を $\theta_\mathrm{a}, \theta_\mathrm{b}, \theta_\mathrm{o}$ とすると，次の式が成り立ちます．

$$\theta_\mathrm{a} + \theta_\mathrm{b} + \theta_\mathrm{o} = 1 \quad (\theta_\mathrm{a}, \theta_\mathrm{b}, \theta_\mathrm{o} \geq 0)$$
$$\Pr(\mathrm{A}) = \theta_\mathrm{a}^2 + 2\theta_\mathrm{a}\theta_\mathrm{o}$$
$$\Pr(\mathrm{B}) = \theta_\mathrm{b}^2 + 2\theta_\mathrm{b}\theta_\mathrm{o}$$
$$\Pr(\mathrm{AB}) = 2\theta_\mathrm{a}\theta_\mathrm{b}$$
$$\Pr(\mathrm{O}) = \theta_\mathrm{o}^2$$

ある母集団において，それぞれの血液型 (表現型) の人数が $n_\mathrm{A}, n_\mathrm{B}, n_\mathrm{AB}, n_\mathrm{O}$ であったとします．これが観測データです．このとき，統計モデル $\Pr(X; \theta_\mathrm{a}, \theta_\mathrm{b}, \theta_\mathrm{o})$ $(X = \mathrm{A, B, AB, O})$ に対する対数尤度関数は

$$\begin{aligned}\ell(\theta_\mathrm{a}, \theta_\mathrm{b}, \theta_\mathrm{o}) &= \log \Pr(\mathrm{A})^{n_\mathrm{A}} \Pr(\mathrm{B})^{n_\mathrm{B}} \Pr(\mathrm{AB})^{n_\mathrm{AB}} \Pr(\mathrm{O})^{n_\mathrm{O}} \\ &= n_\mathrm{A} \log(\theta_\mathrm{a}^2 + 2\theta_\mathrm{a}\theta_\mathrm{o}) + n_\mathrm{B} \log(\theta_\mathrm{b}^2 + 2\theta_\mathrm{b}\theta_\mathrm{o}) \\ &\quad + n_\mathrm{AB} \log(2\theta_\mathrm{a}\theta_\mathrm{b}) + n_\mathrm{O} \log(\theta_\mathrm{o}^2)\end{aligned}$$

となります．これを，制約条件 $\theta_\mathrm{a} + \theta_\mathrm{b} + \theta_\mathrm{o} = 1$ ($\theta_\mathrm{a} \geq 0, \theta_\mathrm{b} \geq 0, \theta_\mathrm{o} \geq 0$) のもとで最大化すれば，最尤推定量が得られます．R プログラム (bloodtype.r) を以下に示します．最適化には **optim** を使います．デフォルトでは **optim** は最小化を実行するので，最適化する関数として負の対数尤度を定義しています[*1]．

```
# ファイル名 bloodtype.r で保存
# theta <- c(thetaA,thetaB); n <- c(nA,nB,nAB,nO)
nlikelihood <- function(theta,n){       # 負の対数尤度を計算する関数
  a <- theta[1]
```

[*1] 1 次元上の関数の最小化には **optimize** を使います．

```
  b <- theta[2]
  o <- 1-a-b
  # 確率値の対数をそれぞれ計算
  logA  <- log(a^2+2*a*o)
  logB  <- log(b^2+2*b*o)
  logAB <- log(2*a*b)
  logO  <- log(o^2)
  # 負の対数尤度
  -sum(n*c(logA, logB, logAB, logO))
}
# 最尤推定量 (mle) を求める関数
mle <- function(n){
  # 最適化の計算
  op <- optim(c(1/3,1/3),nlikelihood,n=n)
  # 解を出力
  list(a=op$par[1],b=op$par[2],o=1-op$par[1]-op$par[2])
}
```

```
> # 表現型から遺伝子型の比率を推定
> source('bloodtype.r')            # プログラム読み込み
> # 例. A:40人, B:30人, AB:10人, O:20人
> mle(c(40,30,10,20))
$a
[1] 0.2977988
$b
[1] 0.2292861
$o
[1] 0.4729151
```

例として，A型が40人，B型が30人，AB型10人，O型が20人とすると，対立遺伝子の確率に対する推定値として

$$\widehat{\theta}_a = 0.2977988, \quad \widehat{\theta}_b = 0.2292861, \quad \widehat{\theta}_o = 0.4729151$$

が得られました．

6.5 混合モデルと EM アルゴリズム

データの背後にいくつかの要因が考えられるとします．その要因を，観測できない潜在変数として統計モデルに組み入れることで，柔軟なモデリングが可能になります．このようなモデルを混合モデルと呼びます．

例えば，ウェブ上にあるテキストデータを x とし，そのデータのトピック（内容）を要因とします．トピックによってテキストにおける各単語の出現頻度が異なると考えられる場合，テキストデータの分布を混合モデルで表現することができます．

要因が k であることを，潜在変数 z を用いて $z = k$ と表します．その確率を

$$\Pr(z = k) = q_k$$

とし，このときのデータ x の確率密度を $p(x; \theta_k)$ とします．潜在変数が観測されないため，z で周辺化した**混合モデル**

$$\sum_{k=1}^{K} q_k p(x; \theta_k) \tag{6.3}$$

を統計モデルとして考えることになります．パラメータは $\boldsymbol{\eta} = (\{q_k\}_{k=1}^{K}, \{\theta_k\}_{k=1}^{K})$ です．データが離散的なら $p(x; \theta_k)$ はベルヌーイ分布や多項分布が，また連続的なら $p(x; \theta_k)$ は正規分布がよく設定されます．基礎となるモデル $p(x; \theta_k)$ $(k = 1, \ldots, K)$ の一つ一つをコンポーネントといいます．

データ $x_1, \ldots, x_n$ が観測されたとき，統計モデル (6.3) の最尤推定を求めるための方法として，**EM アルゴリズム**があります[*2]．EM アルゴリズムは混合モデルに対する計算法として，幅広く用いられています．ただし，尤度や対数尤度はパラメータ $\boldsymbol{\eta}$ について一般に凸関数ではないので，大域解が得られる保証はない点に注意してください．

EM アルゴリズムを以下に示します．目標は，データ $x_1, \ldots, x_n$ が得られたときの負の対数尤度関数

[*2] EM は expectation-maximization を表します．

6.5 混合モデルと EM アルゴリズム

$$\ell(\boldsymbol{\eta}) = -\sum_{i=1}^{n} \log \left(\sum_{k=1}^{K} q_k p(x_i; \theta_k) \right)$$

を最小にするパラメータを求めることです．対数の中に和があるため，微分式の計算が多少繁雑になります．これを避けるため，補助変数 γ_{ik} を導入してシンプルな計算に帰着させます．補助変数は，$\sum_{k=1}^{K} \gamma_{ik} = 1 \ (i=1,\ldots,n)$ を満たす正の値とします．すると，負の対数の凸性から

$$\begin{aligned}\ell(\boldsymbol{\eta}) &= -\sum_{i=1}^{n} \log \left(\sum_{k=1}^{K} \gamma_{ik} \frac{q_k p(x_i; \theta_k)}{\gamma_{ik}} \right) \\ &\leq -\sum_{i=1}^{n} \sum_{k=1}^{K} \gamma_{ik} \log \frac{q_k p(x_i; \theta_k)}{\gamma_{ik}}\end{aligned} \quad (6.4)$$

となります [12, 第 13 章]．上界 (6.4) を最小にする γ_{ik} と q_k は，次の関係式を満たします．

$$\gamma_{ik} = \frac{q_k p(x_i; \theta_k)}{\sum_{k'=1}^{K} q_{k'} p(x_i; \theta_{k'})}$$
$$q_k = \frac{\sum_{i=1}^{n} \gamma_{ik}}{\sum_{k'=1}^{K} \sum_{i=1}^{n} \gamma_{ik'}} = \frac{\sum_{i=1}^{n} \gamma_{ik}}{n}$$

また，γ_{ik} と q_k を固定したとき，式 (6.4) を最小にする θ_k は

$$\min_{\theta_k} -\sum_{i=1}^{n} \gamma_{ik} \log p(x_i; \theta_k)$$

の解として与えられます．これは，データ x_i に重み γ_{ik} を付与したときのモデル $p(x;\theta)$ に対する最尤推定量です．

以上の計算から，基礎となる統計モデル $p(x;\theta)$ に対する重み付き最尤推定を繰り返し計算することで，混合モデルに対する最尤推定が得られます．計算の各ステップで，混合モデルに対する負の対数尤度の上界 (6.4) が，単調に減っていくことが保証されます．また，EM アルゴリズムの収束先は，対数尤度の局所解になっています．図 6.7 に計算アルゴリズムを示します．

正規分布を基本モデルとする混合モデルは，クラスタリングによく用いられます．これについては 9 章を参照してください．

■ EM アルゴリズム

初期値： パラメータ $\{\theta_k\}$ と $\{q_k\}$ の初期値を設定する．

反復： $t = 1, 2, \ldots$ として，上界値 (6.4) が収束するまで以下を繰り返す．

step 1. パラメータ γ_{ik} と q_k $(i = 1, \ldots, n, k = 1, \ldots, K)$ を計算する．

$$\gamma_{ik} = \frac{q_k p(x_i; \theta_k)}{\sum_{k'=1}^{K} q_{k'} p(x_i; \theta_{k'})}$$

$$q_k = \frac{\sum_{i=1}^{n} \gamma_{ik}}{n}$$

step 2. 次の最適化問題を解いて，パラメータ θ_k $(k = 1, \ldots, K)$ を求める．

$$\min_{\theta_k} -\sum_{i=1}^{n} \gamma_{ik} \log p(x_i; \theta_k)$$

出力： 混合モデルのパラメータ：$\{\theta_k\}_{k=1}^{K}$, $\{q_k\}_{k=1}^{K}$

図 6.7　EM アルゴリズム

数字の手書き画像データに混合多次元ベルヌーイ分布を当てはめる例を示しましょう．各画像データには 0 から 9 までのラベルが対応しています．データは UCI リポジトリから optdigits という名前で提供されています．データファイル optdigits.tes, optdigits.tra をダウンロードして利用できます[*3]．

d 次元確率変数 $x = (x_1, \ldots, x_d)$ の各要素が独立にベルヌーイ分布に従うとします．各要素の確率を $\Pr(x_i = 1) = p_i$, $\Pr(x_i = 0) = 1 - p_i$ とすると，多次元ベルヌーイ分布の確率は

$$\Pr(x = (x_1, \ldots, x_d)) = \prod_{i=1}^{d} p_i^{x_i}(1-p_i)^{1-x_i} \quad (x \in \{0,1\}^d)$$

と表せます．次に混合分布を考えます．k 番目のコンポーネントの分布を多次元ベルヌーイ分布 $\prod_{i=1}^{d} p_{ki}^{x_i}(1-p_{ki})^{1-x_i}$，混合確率を q_k とすると，混合多次元ベルヌーイ分布は

[*3] URL は http://mlearn.ics.uci.edu/databases/optdigits です．"optdigits" などのキーワードで検索すれば見つかります．

$$\Pr(x=(x_1,\ldots,x_d))=\sum_{k=1}^{K}q_k\prod_{i=1}^{d}p_{ki}^{x_i}(1-p_{ki})^{1-x_i}$$

となります.

パラメータ p_{ki}, q_k ($i=1,\ldots,d$, $k=1,\ldots,K$) を推定するために，EM アルゴリズムを R の関数として実装します．次のプログラムをファイル名 "statmodel-em.r" で保存します．

```r
# ファイル名 statmodel-em.r で保存
# K：コンポーネント数
# x：(データ数 n，次元 d) 型行列
EM_mixBernoulli <- function(x,K=5,maxitr=1000,tol=1e-5){
  d <- ncol(x); n <- nrow(x)              # 次元 d とデータ数 n
  eps <- .Machine$double.eps
  # コンポーネント初期設定
  mu <- mean(x)
  p <- matrix(rbeta(K*d,shape1=mu,shape2=(1-mu)),K)
  q <- rep(1/K,K)                          # 混合確率の初期値
  ul <- Inf
  for(itr in 1:maxitr){                    # EM アルゴリズム
    # 多次元ベルヌーイ分布の確率を計算
    mp <- exp(log(p)%*%t(x)+log(1-p)%*%t(1-x))*q
    # γ, q, p 更新. pmin, pmax で発散を防ぐ
    gmm <- pmin(pmax(t(t(mp)/colSums(mp)),eps),1-eps)
    q <- pmin(pmax(rowSums(gmm)/n, eps),1-eps)
    p <- pmin(pmax((gmm%*%x)/(n*q),eps),1-eps)
    # 負の対数尤度の上界
    uln <- -sum(gmm*((log(p)%*%t(x)+log(1-p)%*%t(1-x)+log(q))
           -log(gmm)))
    if(abs(ul-uln)<tol){                   # 停止条件
      break
    }
    ul <- uln
  }
  BIC <- ul+0.5*(d*K+(K-1))*log(n)         # BIC
  list(p=p,q=q,gamma=gmm,BIC=BIC)
}
```

このプログラムを実行します．各データが属すコンポーネントが，数字のラベルに対応するかを調べます．EM アルゴリズムで推定されたパラメータ γ_{ik} を使って，最大値 $\max_{k'} \gamma_{ik'}$ を達成する k を，データ x_i が属すコンポーネントとします．

```
> source('statmodel-em.r')
> # データ読み込み
> a <- read.table('optdigits.tra',sep=',')
> # 16 段階調の 8 以下を 0 とし，9 以上を 1 に変換
> x <- as.matrix(a[,1:64]>8)
> dim(x)                          # 3823 サンプルの 64 次元データ
[1] 3823   64
> # 各画像データのラベル．混合モデルの推定には使わない
> y <- as.factor(a[,65])
> # 混合ベルヌーイ分布でデータの分布を推定
> est <- EM_mixBernoulli(x,K=10)  # コンポーネント数は 10
> # 各データがどのコンポーネントに属すかを計算
> ec <- apply(est$gamma,2,which.max)
> # 第 1 コンポーネントに属すデータのラベルを表示
> table(y[which(ec==1)])
  0   1   2   3   4   5   6   7   8   9
  4   1   1   2   3 270   1   0   4   6
> # 第 2 コンポーネントに属すデータのラベルを表示
> table(y[which(ec==2)])
  0   1   2   3   4   5   6   7   8   9
  0  17 329   0   0   2   1   1   2   0
```

データからの推定により，コンポーネントの番号とラベルは，並べ替えればほぼ対応していることが分かります．上の例では，混合モデルの 1 番目のコンポーネント $p(x;\theta_1)$ はラベル 5 の手書きデータに対応し，2 番目のコンポーネント $p(x;\theta_2)$ はラベル 2 におおよそ対応しています．初期値をランダムに設定しているので，この対応関係は実行するごとに異なります．

混合数 K の決定には，情報量規準（AIC，BIC など）を利用できます．できるだけ小さい K を選びたいときは BIC を，また多少冗長でも予測誤差を小さくしたいときは AIC を用いるのがよいと考えられています．ただし，混合モデルはパラメータの同定性など数学的に扱いにくい面もあり，注意が必要です．BIC

は次のように計算できます．

$$\mathrm{BIC} = \ell(\boldsymbol{\eta}) + \frac{\dim \boldsymbol{\eta}}{2} \log n$$

上の実行例では est$BIC で BIC の値が得られます．

```
> est$BIC
[1] 76665.57
```

コンポーネント数 $K = 5 \sim 50$ に対する BIC を計算し，モデル選択を行います．並列処理をして計算を効率化します．

```
> # コンポーネント数 K(5-50) に対する BIC
> library(doParallel)                    # 並列計算のために foreach を使う
> cl <- makeCluster(detectCores())       # クラスタの作成
> registerDoParallel(cl)
> Klist <- 5:50      # コンポーネント数の候補
+                    # （パラメータの次元は 324 から 3249）
> system.time(                           # 計算時間を測定
+ BIC_list <- foreach(K=Klist,.combine=c)%dopar%{    # 並列計算
+   est <- EM_mixBernoulli(x,K=K,maxitr=1000,tol=1e-5)
+   est$BIC
+ })
   user  system elapsed
  0.270   0.028 134.249
> plot(BIC_list)                         # プロット
> stopCluster(cl)                        # 並列計算を終了
```

図 6.8 に結果を示します．コンポーネント数が多すぎると，混合モデルがデータに過剰適合することが見てとれます．この例では，BIC を最小にするのは $K = 31$ です．実際は 10 クラスのラベル付きデータですが，混合モデルとして推定すると，コンポーネント数はラベル数より大きめになっています．ただし，K が 16 から 33 程度まででは，BIC の値に大きな差はありません．検定を行い，有意差がない中で最小の K を選択するという基準もあります．

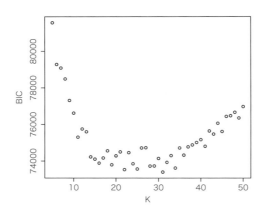

図 6.8 BIC によるコンポーネント数の決定

6.6 ベイズ推定

ベイズ推定とは，データに対する統計モデル $p(x;\theta)$ のパラメータ θ にも確率分布を仮定し，推定を行う方法です．パラメータ空間上に確率分布を想定することは，実際のデータ生成と対応しない場合もあります．しかし，便宜的にパラメータを確率変数と考えることで，最尤推定などよりも精度の良い推定が可能になる場合があります．ベイズ推定は正則化学習とも関連します．実際，ベイズ推定の考え方は，サポートベクトルマシン（10 章）やスパース学習（11 章）など，機械学習の分野で発展している手法の理論的基礎になっています．さらに，ベイズ推定はサンプリング手法などを用いたさまざまな近似解法を利用できるため，計算上のメリットもあります．

以下では，簡単なモデルを用いてベイズ推定の考え方を説明します．データ x が確率分布 $p(x|\theta)$ から生成されているとします．さらに，パラメータ θ は，パラメータ空間上の確率分布 $q(\theta)$ から生成されたとします．この分布を**事前分布**といいます．ベイズ推定では，推定結果をデータに関する条件付き分布 $q(\theta|x)$ で表します．これを**事後分布**と呼びます．ベイズの公式から

$$q(\theta|x) = \frac{q(\theta)p(x|\theta)}{\int q(\theta')p(x|\theta')d\theta'} \propto q(\theta)p(x|\theta)$$

となります．事前分布と統計モデルの掛け算で，事後分布に比例する関数が得ら

れます.

　ベイズ推定の計算効率は，分母の積分の計算コストに依存します．正規分布モデルでは簡単に計算できますが，モデルが複雑でパラメータが高次元になると，積分の計算が困難になります．これに対して，さまざまな近似手法が発展しています．

　線形回帰モデルに対するベイズ推定法を紹介しましょう．統計モデルとして

$$y_i = \boldsymbol{\theta}^T \boldsymbol{x}_i + \varepsilon_i, \quad \varepsilon_i \sim N(0, \sigma^2) \quad (i=1,\ldots,n)$$

を考えます．パラメータ $\boldsymbol{\theta} = (\theta_1, \ldots, \theta_d) \in \mathbb{R}^d$ を推定するために，事前分布として正規分布

$$q(\boldsymbol{\theta}) = \prod_{k=1}^{d} \frac{1}{\sqrt{2\pi v}} e^{-\theta_k^2/(2v)}$$

を仮定すると，事後分布の対数は

$$-\frac{1}{2\sigma^2} \sum_{i=1}^{n} (y_i - \boldsymbol{\theta}^T \boldsymbol{x}_i)^2 - \frac{1}{2v} \sum_{k=1}^{d} \theta_k^2$$

となります（$\boldsymbol{\theta}$ に関係ない項は省略している）．上の式は，対数尤度関数に事前分布の影響を加えていることに対応します．これを $\boldsymbol{\theta}$ について最大化してパラメータを推定する方法を，最大事後確率推定と呼びます．分散 v を小さな値に設定し，原点付近で大きな値をとる事前分布を用いると，事前分布の影響が大きくなり，推定されるパラメータはゼロに近くなります．最大事後確率推定は，8 章のリッジ回帰や 11 章のスパース学習など，一般に正則化学習と呼ばれる学習法と関係しています．

第7章 仮説検定

仮説検定とは，提案した仮説が正しいかどうかをデータから判断するための統計的方法です．サイエンスのさまざまな分野で，科学的仮説を観測データや実験データから検証するために仮説検定が用いられています．例えば，ヒッグス粒子の発見では多重検定が用いられました[*]．仮説検定は，科学的発見の根拠を与えるための方法として重要ですが，最近では，ビジネス分野でも，ウェブデザインの AB テストなどに積極的に利用されています．本章では，仮説検定の基本的な考え方と R を用いた解析法を紹介します．

---

[*] David A. van Dyk: "The Role of Statistics in the Discovery of a Higgs Boson", *Annual Review of Statistics and Its Application*, 1:41–59, 2014.

7.1 仮説検定の枠組み

まず，用語の準備をします．帰無仮説と対立仮説は，仮説検定の基礎となる概念です．

- 帰無仮説（H_0）：検証したい仮説
- 対立仮説（H_1）：H_0 が棄却されたときに採択される仮説

例としてコイン投げを考えます．確率 p で表が出るとき，仮説を

$$H_0 : p = \frac{1}{2}, \quad H_1 : p \neq \frac{1}{2}$$

とすると，コインが公平かどうかの検定をすることになります．また，仮説を

$$H_0 : p \leq \frac{1}{2}, \quad H_1 : p > \frac{1}{2}$$

とすると，表が出にくいかどうかについての検定を行うことになります．

仮説検定の考え方を説明しましょう．

- 帰無仮説 H_0 のもとでは非常に小さな確率でしか観測されないデータが得られたとき，H_0 は正しくないと判断して H_1 を採択します．例えば，コインの表裏が出る確率が等しいという仮説を検証するとき，10回振って毎回表が出たら，仮説は正しくない可能性が高いと判断します．
- データが出現しやすいかどうかを判断する基準として，**有意水準**と呼ばれる値 α を設定します．この α は通常，0.05 や 0.01 などの小さな値に定めておきます．ある事象が起こる確率が有意水準以下なら，稀なことが起きたと判断します．
- 観測されたら「帰無仮説 H_0 は正しくない」と判断するようなデータの集合 W を**棄却域**といいます．すなわち

$$H_0 \text{ を棄却} \iff \text{観測データが棄却域 } W \text{ に入る}$$

という関係になります．有意水準 α の検定では，

$$\text{帰無仮説 } H_0 \text{ のもとで } \Pr(\text{データ} \in W) \leq \alpha$$

を満たす棄却域 W を用います．H_0 のもとで起きにくい（確率が α 以下の）事象が起きたら H_0 を棄却します．

まとめると，次のようになります．

仮説検定の手順

1. 帰無仮説 H_0 と対立仮説 H_1 を定める．
2. 有意水準 α を決め，棄却域 W を定める．
3. データ $X_1, \ldots, X_n$ を観測する．
4. (a) データが棄却域 W に入る
    $\implies H_0$ は間違いと判断して棄却し，H_1 を採択．
   (b) データが棄却域 W に入らない
    $\implies H_0$ を棄却しない．

データが棄却域 W に入らないことから H_0 が正しいことを,必ずしも結論できるわけではありません.観測されたデータの精度では H_0 を棄却できない,と解釈するのが妥当です.H_0 が棄却されない場合は判断を保留するという態度が,仮説検定の使用法としては安全と考えられます.

データ x に対して統計量 $\phi(x) \in \mathbb{R}$ を構成し,これがある値 c より大きければ帰無仮説 H_0 を棄却するとします.このとき,棄却域は $W = \{x \mid \phi(x) > c\}$ と表せます.実際にデータ x_{ob} が観測されたとします.帰無仮説が正しいという仮定のもとで,統計量 ϕ の値が $\phi(x_{\mathrm{ob}})$ より大きくなる確率を p 値といいます.p 値が有意水準より小さければ H_0 を棄却します.

正規分布から観測されるデータに対する検定の手順を説明しましょう.データが次のような分布に従うとします.

$$X_1, \ldots, X_n \underset{\text{i.i.d.}}{\sim} N(\mu, \sigma^2) \tag{7.1}$$

期待値 μ と分散 σ^2 が未知のとき,次の検定を行います.

$$H_0 : \mu = 1, \qquad H_1 : \mu \neq 1$$

有意水準を $\alpha = 0.05$ とします.期待値の推定量

$$\bar{X}_n = \frac{1}{n} \sum_{i=1}^n X_i$$

と分散の不偏推定量

$$S_n = \frac{1}{n-1} \sum_{i=1}^n (X_i - \bar{X}_n)^2$$

に対して

$$Z_n = \sqrt{n} \frac{\bar{X}_n - \mu}{\sqrt{S_n}}$$

は,自由度 $n-1$ の t 分布と呼ばれる分布(t_{n-1} と表記)に従います(図 7.1).自由度 $n-1$ の t 分布の上側 α 点(2.5 節参照)を $t_{n-1,\alpha}$ とすると,もし $\mu = 1$ が正しいなら

$$\Pr\left(\left|\sqrt{n}\frac{\bar{X}_n - 1}{\sqrt{S_n}}\right| \geq t_{n-1, \alpha/2}\right) = \alpha$$

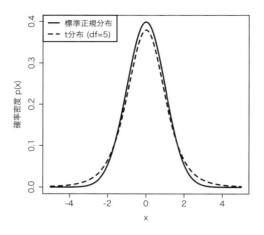

図 7.1 標準正規分布と t 分布（自由度 5）

となります．統計量 ϕ を

$$\phi(X_1, \ldots, X_n) = \left| \sqrt{n} \frac{\bar{X}_n - 1}{\sqrt{S_n}} \right|$$

とし，棄却域 W を

$$W = \left\{ (x_1, \ldots, x_n) \,\middle|\, \phi(x_1, \ldots, x_n) \geq t_{n-1,\, 0.025} \right\}$$

とすると，有意水準 0.05 の検定が構成できます．観測データを $(x_1, \ldots, x_n)$ とすると，p 値は

$$\Pr(|T| \geq \phi(x_1, \ldots, x_n)) \quad (T \sim t_{n-1})$$

で与えられます．

R の関数 t.test を使うと，上で構成した検定を行えます．t.test の使い方を表示してみましょう．

```
> ?t.test
  ## Default S3 method:
  t.test(x, y = NULL,
      alternative=c("two.sided","less","greater"),
      mu=0, paired=FALSE, var.equal=FALSE,
      conf.level=0.95, ...)
```

引数 x は観測データのベクトルです．y も観測データのベクトルですが，式 (7.1) の設定では用いません．オプション alternative で，データの期待値 μ に関して次のいずれかの対立仮説を設定して，検定を行います．

two.sided（両側検定）： $H_0 : \mu = \mu_0,\ H_1 : \mu \neq \mu_0$
less（片側検定）： $H_0 : \mu = \mu_0,\ H_1 : \mu < \mu_0$
greater（片側検定）： $H_0 : \mu = \mu_0,\ H_1 : \mu > \mu_0$

簡単な例で **t.test** を実行してみましょう．50 個のデータを $N(\mu, 1)$（$\mu = 1.1$）から生成し，帰無仮説 $H_0 : \mu = 1$ を検証します．2 種類の検定（two.sided と greater）を行い，それぞれ p 値を計算します．

```
> # データ生成
> x <- rnorm(50,mean=1.1)
> # 両側検定：two.sided （p 値は 0.08871）
> t.test(x,mu=1,alternative='two.sided')
        One Sample t-test
data:  x
t = 1.7368, df = 49, p-value = 0.08871
alternative hypothesis: true mean is not equal to 1
95 percent confidence interval:
 0.9637777 1.4974372
sample estimates:
mean of x
 1.230607
```

オプションで alternative='two.sided' と指定すると，p 値は 0.08871 と計算されました．有意水準を 5% 以下にとることが多いので，帰無仮説 $H_0 : \mu = 1$ を棄却しないという判断になります．したがって，真の期待値が 1.1 であってもデータ数が十分でない場合には棄却されないことになります．データ数を増やして，再度 t 検定を実行します．

```
> x <- rnorm(100,mean=1.1)
> t.test(x,mu=1,alternative='two.sided')
```

```
        One Sample t-test
data:  x
t = 2.3586, df = 99, p-value = 0.02031
```

この数値例では，データ数が 100 なら p 値は 0.02031 となり，有意水準が 5% なら棄却されることになります．

次に片側検定の結果を示します．

```
> # 片側検定：greater
> t.test(x,mu=1,alternative='greater')
        One Sample t-test
data:  x
t = 1.7368, df = 49, p-value = 0.04436
alternative hypothesis: true mean is greater than 1
95 percent confidence interval:
 1.007996        Inf
sample estimates:
mean of x
 1.230607
```

このときの p 値は 0.04436 です．これより，有意水準 0.05 の片側検定なら，帰無仮説 $\mu = 1$ は棄却されます．

二つのデータセットが観測され，それらを生成する分布が等しいかどうかを検定する問題を **2 標本検定** といいます．例えば，次のような 2 種類のデータが観測されたとします．

$$\begin{aligned} x_1, \ldots, x_n &\underset{\text{i.i.d.}}{\sim} N(\mu_1, \sigma_1^2) \\ y_1, \ldots, y_m &\underset{\text{i.i.d.}}{\sim} N(\mu_2, \sigma_2^2) \end{aligned} \tag{7.2}$$

このとき，期待値の同等性（$H_0 : \mu_1 = \mu_2$）を検定する問題は，2 標本検定の典型例です．データ数が同じで x_i と y_i がペアになっているときは，

$$x_1 - y_1, \ldots, x_n - y_n \sim N(\mu_1 - \mu_2, \sigma_1^2 + \sigma_2^2)$$

となるので，$x_i - y_i$ という 1 種類のデータが観測されたと見なして検定を行います．

Rによる例を示しましょう．式 (7.2) の設定でデータ数をそれぞれ $n = 1000$, $m = 200$ とし，$H_0 : \mu_1 = \mu_2$ を検定します．両側検定では $H_1 : \mu_1 \neq \mu_2$, 片側検定では $H_1 : \mu_1 > \mu_2$ を対立仮説とします．

```
> # データ生成：期待値は異なる．分散は同じ
> mu1 <- 1.1; mu2 <- 1
> x <- rnorm(1000,mean=mu1)
> y <- rnorm(200, mean=mu2)
>
> # 両側検定：two.side（表示は一部省略）
> t.test(x,y,alternative='two.sided')
        Welch Two Sample t-test
data:  x and y
t = 1.8593, df = 268.13, p-value = 0.06408
>
> # 片側検定：greater（表示は一部省略）
> t.test(x,y,alternative='greater')
        Welch Two Sample t-test
data:  x and y
t = 1.8593, df = 268.13, p-value = 0.03204
```

両側検定の p 値は 0.06408, 片側検定の p 値は 0.03204 となり，値がちょうど半分になっています．なお, 2 標本で分散が等しいとは限らない場合は，検定統計量の分布を簡単な式で表すことはできません．ここで使用されているウェルチの 2 標本 t 検定では，適当な近似式を使って p 値を計算しています．

7.2 ノンパラメトリック検定

2 標本検定において，データの分布が正規分布のような統計モデルとして特定できないときは，**ノンパラメトリック検定**と呼ばれる手法を用いることができます．「ノンパラメトリック」は，統計モデルを仮定しないことを意味します．代表例として，ウィルコクソンの順位和検定，**コルモゴロフ–スミルノフ検定**（KS 検定），並べ替え検定などがあります．これらの検定は分布を仮定しないため，学習アルゴリズムのテスト誤差など，分布が未知のときによく利用されます．本節では，ウィルコクソン順位和検定とコルモゴロフ–スミルノフ検定について説

明します．並べ替え検定については 14.5 節を参照してください．

Rでは，**wilcox.test** を使ってウィルコクソン順位和検定を実行できます．

```
> ?wilcox.test
  ## Default S3 method:
  wilcox.test(x, y = NULL,
    alternative=c("two.sided","less","greater"),
    mu = 0, paired=FALSE, exact=NULL, correct=TRUE,
    conf.int=FALSE, conf.level=0.95, ...)
```

2 標本検定を考えます．**t.test** と同じように標本ベクトル x, y を入力し，その期待値の同等性を検定します．基本的な考え方は，$x_1, \ldots, x_n, y_1, \ldots, y_m$ の $m+n$ 個のデータを大きさの順に小さいほうから並べ替えて，それぞれの値が出現する順位の和をとることです．二つの標本 $\{x_i\}_{i=1}^n, \{y_j\}_{j=1}^m$ の間でもし期待値が異なるなら，データ数の違いを補正すると，それぞれの順位和が大きく変わる傾向があります．その差が有意なら帰無仮説を棄却します．

1 標本検定では標本ベクトル x を入力します．期待値がオプション mu で指定する値に等しいかどうかを検定します．これはウィルコクソンの**符号付き順位和検定**と呼ばれます．

いくつかの設定でウィルコクソン検定を試してみましょう．

```
> # 例 1. 同じ分布に従う標本
> mu1 <- 1; mu2 <- 1
> x <- rnorm(500,mean=mu1)
> y <- rnorm(300,mean=mu2)
> wilcox.test(x,y)            # p 値は 0.3702 (以下，出力を一部省略)
  Wilcoxon rank sum test with continuity correction
data:  x and y
W = 72164, p-value = 0.3702
>
> # 例 2. 同じ期待値の分布に従う標本．分散は異なる
> mu1 <- 1; mu2 <- 1
> x <- rnorm(500,mean=mu1,sd=2)
> y <- rnorm(300,mean=mu2)
> wilcox.test(x,y)            # p 値は 0.4876
```

```
  Wilcoxon rank sum test with continuity correction
data:  x and y
W = 72803, p-value = 0.4876
>
> # 例 3. 異なる期待値の分布に従う標本
> mu1 <- 1.2; mu2 <- 1
> x <- rnorm(500,mean=mu1)
> y <- rnorm(300,mean=mu2)          # p 値は 0.02551
> wilcox.test(x,y)
  Wilcoxon rank sum test with continuity correction
data:  x and y
W = 82068, p-value = 0.02551
```

上の実行例の例 1, 例 2 では，二つの分布の期待値は同じです．このとき，たとえ分散が異なっても p 値が小さくなることはありません．期待値が異なるなら p 値は 0.02551 となり，有意水準が 5% なら期待値の同等性を棄却するという結論が得られます．

次に，2 標本検定におけるコルモゴロフ–スミルノフ (KS) 検定を紹介します．KS 検定では分布の違いを検出できます．2 種類の 1 次元データを $\{x_i\}_{i=1}^n$, $\{y_j\}_{j=1}^m$ とします．このとき，データから得られる分布関数の違いに着目して検定統計量を構成します．データが 2 次元以上の場合には，さまざまなバリエーションが提案されています．使用法は今までの検定法と同じです．

```
> ?ks.test
  ks.test(x, y, ...,
      alternative=c("two.sided","less","greater"),
      exact = NULL)
```

2 標本 x, y を入力します．オプション alternative では two.sided, less, greater のいずれかを指定します．デフォルトは two.sided で，これは 2 標本の分布が異なるかどうかを検定します．一方，less または greater では，分布関数の大小関係を検定します．すなわち，x の分布関数を $F(x)$, y の分布関数を $G(y)$ とすると，alternative=less なら

$H_0 : F = G$
$H_1 : F < G$ （G のほうが常に F より関数値が大きい）

という仮説のもとで p 値を計算します．分布関数について $F < G$ が成り立つとき，分布 F に従う確率変数のほうが大きい値をとりやすいことになります．

以下に実行例を示します．KS 検定は，ウィルコクソンの順位和検定とは異なり，同じ期待値を持つ異なる分布の違いを検出できます．

```
> # 同じ分布に従う標本
> mu1 <- 1; mu2 <- 1
> x <- rnorm(500,mean=mu1)
> y <- rnorm(300,mean=mu2)
> ks.test(x,y)                        # p 値は 0.2377
        Two-sample Kolmogorov-Smirnov test
data:  x and y
D = 0.075333, p-value = 0.2377
alternative hypothesis: two-sided
>
> # 同じ期待値の分布に従う標本
> mu1 <- 1; mu2 <- 1
> x <- rnorm(500,mean=mu1,sd=2)
> y <- rnorm(300,mean=mu2)
> ks.test(x,y)                        # p 値は 1.383e-05
        Two-sample Kolmogorov-Smirnov test
data:  x and y
D = 0.178, p-value = 1.383e-05
alternative hypothesis: two-sided
```

次に，両側検定と片側検定の違いを見てみましょう．

```
> # 異なる期待値の分布に対する両側検定
> mu1 <- 1.2; mu2 <- 1
> x <- rnorm(500,mean=mu1)
> y <- rnorm(300,mean=mu2)
> ks.test(x,y)                        # p 値は 0.01619
        Two-sample Kolmogorov-Smirnov test
data:  x and y
```

```
D = 0.11333, p-value = 0.01619
alternative hypothesis: two-sided
>
> # 異なる期待値の分布に対する片側検定
> ks.test(x,y,alternative="less")    # p 値は 0.008094
        Two-sample Kolmogorov-Smirnov test
data:  x and y
D^- = 0.11333, p-value = 0.008094
```

alternative を two-sided（デフォルト）とするか less とするかで p 値が異なることが分かります．less のほうが，分布がずれる方向を限定している分だけ p 値が小さくなっています．

7.3 分散分析

分散分析（analysis of variance; ANOVA）は，実験における条件の違いが結果に影響するかどうかを判定するための統計的手法です．具体的には，2 標本以上の標本について期待値の同等性を検定します．2 標本検定の拡張と解釈することもできます．

ある設定 i で繰り返し観測を行い n_i 個のデータ $y_{i1}, \ldots, y_{in_i}$ が得られたとします．このデータに対して統計モデル

$$y_{ij} = \mu_i + \varepsilon_{ij} \quad (j = 1, \ldots, n_i)$$

を仮定します．実験誤差 ε_{ij} は正規分布 $N(0, \sigma^2)$ に独立に従い，共通の分散 σ^2 は未知とします．また，設定は $i = 1, \ldots, a$ の a 種類あるとします．このとき，次の仮説検定を行います．

$$H_0: \mu_1 = \mu_2 = \cdots = \mu_a$$

対立仮説 H_1 は H_0 の否定，すなわち「異なる期待値が少なくとも一つ存在する」とします．分散分析の用語では，観測値に影響を与える設定のことを因子，各 $i = 1, \ldots, a$ を水準といいます．上記の問題設定では，考えている因子数は 1 です．この場合の仮説検定の枠組みを 1 元配置分散分析といいます．2 因子なら $\mu_{i_1 i_2}$ のように期待値の添字が二つになり，観測データは

$$y_{i_1 i_2 j} = \mu_{i_1 i_2} + \varepsilon_{i_1 i_2 j}$$

のように表されます．

検定を行う際に重要な量は，全データの平均

$$\bar{y}_{..} = \frac{1}{n} \sum_{i,j} y_{ij} \quad (n = \textstyle\sum_{i=1}^{a} n_i)$$

と，各水準での平均

$$\bar{y}_{i\cdot} = \frac{1}{n_i} \sum_{j=1}^{n_i} y_{ij} \quad (i = 1, \ldots, a)$$

です．このとき全データのばらつきは

$$\underbrace{\sum_{i,j}(y_{ij} - \bar{y}_{..})^2}_{\mathrm{SS}_T} = \underbrace{\sum_{i=1}^{a} n_i(\bar{y}_{i\cdot} - \bar{y}_{..})^2}_{\mathrm{SS}_B} + \underbrace{\sum_{i,j}(y_{ij} - \bar{y}_{i\cdot})^2}_{\mathrm{SS}_W}$$

となります．SS_T を**総変動**，SS_B を**群間変動**，SS_W を**群内変動**と呼びます．SS_W と比較して SS_B が大きい値をとるときは，μ_i が異なる可能性が高いと判断できます．

次の統計量を考えましょう．

$$F = \frac{\mathrm{SS}_B/(a-1)}{\mathrm{SS}_W/(n-a)} = \frac{n-a}{a-1} \times \frac{\mathrm{SS}_B}{\mathrm{SS}_W}$$

統計量 F は，H_0 が正しいときは F 分布と呼ばれる分布に従います（正確には自由度 $(a-1, n-a)$ の F 分布）．一方，H_0 が正しくないときは，SS_B の値が大きくなるため，F の値は大きくなります．F 分布の分位点を用いて仮説 H_0 の棄却域を構成することができます．

分散分析の解析結果は，表 7.1 のようにまとめることができます．

R では，関数 `aov` を使って分散分析を行えます．結果を表示する関数は `anova` で，表 7.1 の形式で出力されます．`summary` でも同様の結果を表示できます．人工データによる例を示します．

7.3 分散分析

表 7.1　1 元配置分散分析の計算表

	平方和	自由度	平均平方	F 値
因子	SS_B	$a-1$	$\dfrac{SS_B}{a-1}$	F
残差	SS_W	$n-a$	$\dfrac{SS_W}{n-a}$	
合計	SS_T	$n-1$		

```
> # 帰無仮説が正しい
> x <- rnorm(50)                         # データ生成
> gr <- gl(5, 10)                        # 水準数は 5,各水準で 10 データ
> anova(aov(x~gr))                       # p 値は 0.7476
Analysis of Variance Table
Response: x
          Df  Sum Sq Mean Sq F value Pr(>F)
gr         4  1.1477 0.28692  0.4836 0.7476
Residuals 45 26.6956 0.59324
>
> # 帰無仮説は間違い
> x <- c(rnorm(100), rnorm(20,mean=0.7)) # データ数 120 のデータ生成
> gr <- gl(6,20)                         # 水準数は 6,各水準で 20 データ
> anova(aov(x~gr))                       # p 値は 0.001447
Analysis of Variance Table
Response: x
           Df  Sum Sq Mean Sq F value   Pr(>F)
gr          5  22.695  4.5389  4.2321 0.001447 **
Residuals 114 122.264  1.0725
```

次に，iris データを使った簡単な例を示します．iris はアヤメのデータで，花の種類（Species）に対してガクの長さ（Sepal.Length）や幅（Sepal.Width）などの計測値が記録されています．

```
> anova(aov(iris$Sepal.Length ~ iris$Species))
Analysis of Variance Table
Response: iris$Sepal.Length
```

```
              Df Sum Sq Mean Sq F value   Pr(>F)
iris$Species   2 63.212  31.606  119.26 < 2.2e-16 ***
Residuals    147 38.956   0.265
```

p 値は 2.2e-16 より小さくなり，花の種類が異なるとガクの長さが異なることが結論されます．

第 III 部
機械学習の方法

＃ 第 8 章
回帰分析の基礎

教師ありデータ $(\boldsymbol{x}_i, y_i)$ $(i = 1, \ldots, n)$ が観測されたときに，$\boldsymbol{x}$ と y の間の関数関係を推定したり，新たな入力 $\boldsymbol{x}$ に対する出力 y を予測する問題を考えます．このような問題を扱う統計的手法を総称して回帰分析といいます．回帰分析は，科学技術，社会科学，ビジネスなど，あらゆる場面で利用されています．

本章では，一般的な推定方法，外れ値への対処法，カーネル関数を用いる柔軟なモデリングなどを紹介します．スパース回帰，ガウス過程を用いる方法については，それぞれ 11 章，13 章で紹介します．参考文献として [13] などがあります．

本章で使うパッケージ

- car：データの例
- MASS：ロバスト推定
- glmnet：リッジ回帰
- kernlab, CVST：カーネル回帰

8.1 線形回帰モデル

変数間の関数関係を記述するために，さまざまな統計モデルが提案されています．線形関数による線形回帰モデルは，それらの基礎となるものです．

線形回帰モデルでは，入力 $\boldsymbol{x} = (x_1, \ldots, x_d) \in \mathbb{R}^d$ に対する出力 $y \in \mathbb{R}$ を

$$y = \theta_0 + \theta_1 x_1 + \cdots + \theta_d x_d + \varepsilon \tag{8.1}$$

のようにモデリングします．ここで，$\theta_0, \theta_1, \ldots, \theta_d$ は関数形を決めるパラメータです．観測には，誤差 ε のズレを許します．観測誤差は確率的に値をとると考え，期待値と分散について

$$\mathbb{E}[\varepsilon] = 0, \quad \mathbb{V}[\varepsilon] = \sigma^2$$

を仮定します．

観測データから，$\theta_0, \theta_1, \ldots, \theta_d$ と σ^2 を推定し，予測などに利用します．式 (8.1) が線形回帰モデルと呼ばれるのは，関数部分 $\theta_0 + \theta_1 x_1 + \cdots + \theta_d x_d$ がパラメータ $\theta_0, \theta_1, \ldots, \theta_d$ について線形式で表されるためです．図 8.1 は，データ点が与えられたとき，$d = 1$ とした線形回帰モデルを用いて，データに直線を当てはめた例を示しています．

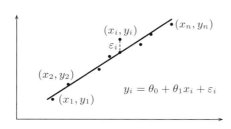

図 8.1　線形回帰モデルによる推定

より一般に，

$$y = \theta_0 + \theta_1 \phi_1(\boldsymbol{x}) + \cdots + \theta_D \phi_D(\boldsymbol{x}) + \varepsilon \tag{8.2}$$

のようにモデリングすることも可能です．ここで，$\phi_1(\boldsymbol{x}), \ldots, \phi_D(\boldsymbol{x})$ は適当な基底関数です．基底関数を適切に選ぶことで，さまざまな関数形を表現できます．入力を 1 次元として，$\phi_k(x) = x^k$ $(k = 1, \ldots, D)$ のようにベキ関数に選ぶと，式 (8.2) は D 次多項式モデルになります．このように一般化すると，式 (8.1) よりモデルの表現力は増しますが，パラメータに関する線形性のため，推定の手順はほぼ同じです．ただし，次元 D が大きいときは，計算上の工夫が必要になります．式 (8.1), (8.2) の関数部分

$$\theta_0 + \theta_1 x_1 + \cdots + \theta_d x_d$$
$$\theta_0 + \theta_1 \phi_1(\boldsymbol{x}) + \cdots + \theta_D \phi_D(\boldsymbol{x})$$

を回帰関数といいます．

8.2 最小 2 乗法

一般のモデル (8.2) を仮定します．データ $(\boldsymbol{x}_1, y_1), \ldots, (\boldsymbol{x}_n, y_n)$ が得られたとき，2 乗誤差

$$\sum_{i=1}^{n} \{y_i - (\theta_0 + \theta_1 \phi_1(\boldsymbol{x}) + \cdots + \theta_D \phi_D(\boldsymbol{x}))\}^2 \tag{8.3}$$

を最小にするようにパラメータを調整する方法を**最小 2 乗法**といい，推定されたパラメータ $\widehat{\boldsymbol{\theta}} = (\widehat{\theta}_0, \widehat{\theta}_1, \ldots, \widehat{\theta}_D)^T$ を最小 2 乗推定量といいます．線形演算により，解を以下のように表示することができます．

$$\widehat{\boldsymbol{\theta}} = (\Phi^T \Phi)^{-1} \Phi^T Y$$

ここで，Y と Φ は

$$Y = \begin{pmatrix} y_1 \\ \vdots \\ y_n \end{pmatrix}, \quad \Phi = \begin{pmatrix} 1 & \phi_1(\boldsymbol{x}_1) & \cdots & \phi_D(\boldsymbol{x}_1) \\ \vdots & \vdots & & \vdots \\ 1 & \phi_1(\boldsymbol{x}_n) & \cdots & \phi_D(\boldsymbol{x}_n) \end{pmatrix}$$

で定まるベクトルと行列です．行列 Φ を**データ行列**（または**デザイン行列**）といいます．逆行列が存在しないときは一般化逆行列を用います．R による簡単な例を示します．

まず，データを読み込みます．ここでは，car パッケージにあるデータ UN を用います．これは，207 か国の国内総生産 (gdp) と乳児死亡率 (infant.mortality) のデータです．

```
> library(car)    # UN データを使用
> data(UN)        # データ読み込み
> # プロット
> plot(UN[,2],UN[,1],log='xy',xlab=colnames(UN)[2],
+      ylab=colnames(UN)[1])
```

両対数グラフにすると，図 8.2 に示すように 1 次式で当てはめやすいプロットになっています．ここで，$y = \log(\text{infant.mortality})$，$x = \log(\text{gdp})$ として線形モデル

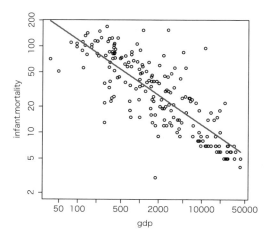

図 8.2 各国の GDP と乳児死亡率の両対数プロット．実線は最小 2 乗法で推定した関数．

$$y_i = \theta_0 + \theta_1 x_i + \varepsilon_i \quad (i = 1, \ldots, 207)$$

を当てはめます．データには NA が含まれるので，`na.omit` を用いてこれを除き，関数 `lm` を用いて最小 2 乗推定量を求めます．

```
> logUN <- log(na.omit(UN))              # データを対数で変換
> lm(infant.mortality~gdp,data=logUN)    # 最小 2 乗法

Call:
lm(formula = infant.mortality ~ gdp, data = logUN)

Coefficients:
(Intercept)          gdp
     7.0452      -0.4932
```

`infant.mortality~gdp` は `logUN` の `infant.mortality` を出力，`gdp` を入力とする回帰モデルを用いることを意味しています．計算の結果，国内総生産 (gdp) と乳児死亡率 (infant.mortality) の関係は

$$\log(\text{infant.mortality}) = 7.0452 - 0.4932 \times \log(\text{gdp}) + 誤差$$

と推定されます．この関数を図 8.2 の実線で示しています．大雑把には，乳児死亡率は GDP の平方根に反比例するという結果が得られます．

8.3 ロバスト回帰

データに外れ値が混入しているときは，推定量が外れ値に大きく影響され，意味のない結果が得られてしまう危険があります．外れ値の影響を自動的に軽減するような推定法を，**ロバスト推定**といいます．

5.1 節の主成分分析で用いた Davis データには，外れ値と思われるデータが混入しています．身長 h_i〔cm〕を体重 w_i〔kg〕の関数として表すとき，最小 2 乗法で回帰関数を推定すると，次のようになります．

```
> library(car)                        # Davis データを使用
> data(Davis)                         # データ読み込み
> a <- lm(height~weight,data=Davis); a  # 最小 2 乗法
Call:
lm(formula = height ~ weight, data = Davis)

Coefficients:
(Intercept)        weight
   160.0931        0.1509
```

したがって，h と w の関係は，おおよそ $h = 160.0931 + 0.1509w + \varepsilon$ となります．この結果をプロットすると，図 8.3 の実線のようになります．推定結果は，右下のデータにかなり影響されているようです．このデータは記録ミスの可能性があるので，これを除いて最小 2 乗法を適用すると，以下のようになります．

```
> lm(height~weight,data=Davis[-12,])

Call:
lm(formula = height ~ weight, data = Davis[-12, ])

Coefficients:
(Intercept)        weight
   136.8366        0.5169
```

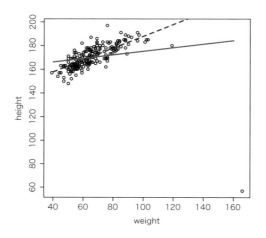

図 8.3 右下に外れ値が存在するデータ．最小 2 乗法による推定（実線）とロバスト回帰による推定（破線）．

一つの外れ値が加わることによって，傾きの推定値が 0.5169 から 0.1509 まで変化していることになります．

ここで示した例のように，小規模・低次元のデータなら，実際にデータを見てどれが外れ値か判断してもよいでしょう．しかし，大規模で高次元のデータを扱うとき，また小規模でも何度も繰り返し統計処理を行うときは，自動的に外れ値を処理する方法が必要になります．R では，そのための推定方法が多数提供されています．MASS パッケージの関数 **rlm** を用いると，Davis データに対して次のような結果が得られます．

```
> library(MASS)                           # rlm を使う
> b <- rlm(height~weight,data=Davis); b   # rlm によるロバスト回帰
Call:
rlm(formula = height ~ weight, data = Davis)
Converged in 5 iterations

Coefficients:
(Intercept)      weight
137.8138962    0.5007728
```

```
Degrees of freedom: 200 total; 198 residual
Scale estimate: 5.72
```

推定結果は，図 8.3 で破線として示されています．関数 **rlm** によるロバストな推定法により，外れ値を除いて推定した場合とほぼ同じ結果が得られています．なお，図 8.3 は次のようにしてプロットしています．

```
> # データのプロット
> plot(Davis$weight,Davis$height,xlab='weight',ylab='height')
> tx <- data.frame(weight=seq(40,160,l=100))       # 予測点
> lines(tx$weight,predict(a,tx),col=2,lwd=3)       # 最小 2 乗法
> lines(tx$weight,predict(b,tx),col=4,lwd=3,lty=2) # ロバスト推定
```

関数 **rlm** について説明しましょう．デフォルトでは，残差の 2 乗誤差の代わりに，図 8.4 の**フーバー損失** ψ（psi.huber）を用います．次の最適化問題を近似的に解くことで，パラメータ θ を求めます．

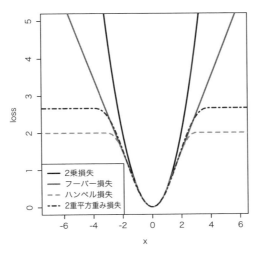

図 8.4　2 乗損失，フーバー損失，ハンペル損失，2 重平方重み損失

$$\min_{\boldsymbol{\theta}} \sum_{i=1}^{n} \psi \left(\frac{y_i - (\theta_0 + \theta_1 x_1 + \cdots + \theta_d x_d)}{s} \right)$$

ここで，s は標準偏差に相当するスケールパラメータです．最小化アルゴリズムでは，反復再重み付き最小 2 乗法（iterated re-weighted least squares; IRLS）を用いて $\boldsymbol{\theta}$ を求めます．スケール s は，残差のメディアンを利用した rescaled MAD 推定と呼ばれる方法で求め，各反復で更新していきます．

rlm では，フーバー損失以外の損失をオプション psi で指定することができます．psi.huber のほかに psi.hampel（ハンペル損失）や psi.bisquare（2 重平方重み損失）があります（図 8.4）．例えば，損失関数としてフーバー損失よりロバストな推定が期待できる psi.bisquare を用いると，結果は次のようになります．

```
> # rlm のオプションを psi.bisquare として推定
> rlm(height~weight,data=Davis,psi="psi.bisquare")
Call:
rlm(formula = height ~ weight, data = Davis, psi = "psi.bisquare")
Converged in 6 iterations

Coefficients:
(Intercept)        weight
135.6311562      0.5342499

Degrees of freedom: 200 total; 198 residual
Scale estimate: 5.45
```

推定されたパラメータを見ると，外れ値の影響がさらに抑えられていることが分かります．実際，推定された関数の傾き（およそ 0.534）がフーバー損失のときより大きくなり，また，スケールの推定値（5.45）が小さくなっています．

以上のように，観測データに外れ値が混入している可能性がある場合には，信頼性の高いデータ解析を行うためにロバスト回帰の方法が有用です．

8.4 リッジ回帰

線形回帰モデルの表現力は，用意する基底関数 $\phi_1(\boldsymbol{x}), \ldots, \phi_D(\boldsymbol{x})$ によって決まります．複雑なデータにモデルを当てはめるときは，一般に多くの基底関数が必要になります．そこで，あらかじめ多くの基底関数を用意し，データに応じて適切にモデルの表現力を調整する方法が考えられます．リッジ回帰はそのための代表的な手法です．リッジ回帰はもともと，実データにおいてデータ行列 Φ が縮退に近くなるとき，計算を安定化する目的で提案されました．近年のデータ解析では，モデルの表現力を調整する目的でリッジ回帰がよく用いられます．

統計モデルとして式 (8.2) を設定しましょう．ここで，次元 D は，例えばデータ数と同じ程度に大きくとっておきます．そのようなモデルを用いると，最小 2 乗法の結果は図 8.5 のようになり，将来のデータに対する予測精度は低くなってしまいます．このような現象を，データへの**過学習**（または**過剰適合**）といいます．過学習をいかに防ぐかが，統計的学習において重要な課題になっています．

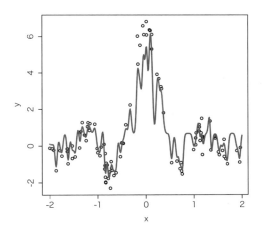

図 8.5 データの過学習

過学習を防ぐために，パラメータ $\boldsymbol{\theta}$ に適当な制約を加えて推定を行います．例えば，基底関数のパラメータ $\theta_1, \ldots, \theta_D$ をある範囲に制約した条件のもとで，2 乗誤差を最小化するという方法が考えられます．具体的には，リッジ回帰では

適当な正数 C に対して

$$\sum_{k=1}^{D} \theta_k^2 \leq C$$

という制約を課します．他の具体例として，スパース学習では L_1 ノルムの制約を課します．これについては 11 章で解説します．2 乗誤差を上記の制約のもとで最適化することは，適当なパラメータ $\lambda > 0$ に対して

$$\sum_{i=1}^{n} \{y_i - (\theta_0 + \theta_1 \phi_1(\boldsymbol{x}) + \cdots + \theta_D \phi_D(\boldsymbol{x}))\}^2 + \lambda \sum_{k=1}^{D} \theta_k^2 \tag{8.4}$$

を最小にするパラメータ $\boldsymbol{\theta} = (\theta_0, \theta_1, \ldots, \theta_D)$ を求めることと等価になります．式 (8.4) による推定法を**リッジ回帰**といいます．ここで，上式の第 2 項を**正則化項**，λ を**正則化パラメータ**と呼びます．正則化パラメータ λ の値が大きいと，線形回帰モデルの表現力が抑えられます．定数項 θ_0 を正則化項に含めないのが一般的です．正則化パラメータを λ としたとき，推定量は

$$\widehat{\boldsymbol{\theta}}_\lambda = (\Phi^T \Phi + \lambda(I - E_{11}))^{-1} \Phi^T Y \tag{8.5}$$

となります．ここで，I は単位行列，E_{11} は $(1,1)$ 成分が 1 で他の成分が 0 の正方行列です．行列 E_{11} を引くことは，θ_0 を正則化項に含めないことに対応します．

リッジ回帰の例を示しましょう．式 (8.5) からリッジ回帰のパラメータを推定します．いくつかの λ の候補に対してパラメータ $\boldsymbol{\theta}$ を推定し，回帰関数をプロットします（図 8.6）．正則化パラメータの決定には，4.2 節の交差検証法がよく使われます．

```
> # リッジ回帰
> n <- 100                               # データ数
> degree <- 8                            # 多項式モデルの次数
> lambda_candidate <- 2^c(-12,-6,0,6)    # 正則化パラメータの候補
> # データ生成
> x <- runif(n,min=-2,max=2)
> y <- sin(2*pi*x)/x + rnorm(n,sd=0.5)
```

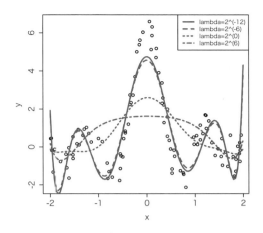

図 8.6 リッジ回帰による関数の推定.正則化パラメータを $\lambda = 2^{-12},\ 2^{-6}$, $2^0,\ 2^6$ としたときの推定結果をプロット.

```
> # データ行列
> Phi <- outer(x,0:degree,FUN="^")
> IE   <- diag(ncol(Phi)); IE[1,1] <- 0
> # パラメータ推定
> par <- c()
> for(lambda in lambda_candidate){
+   par <- cbind(par, solve(t(Phi)%*%Phi+lambda*IE,t(Phi)%*%y))
+ }
> # プロット
> plot(x,y,lwd=2)                                  # データ点プロット
> x_test    <- seq(-2,2,l=100)                     # テスト点
> Phi_test <- outer(x_test,0:degree,FUN="^")       # テスト点でのデータ行列
> for (i in 1:ncol(par)){
+   ypred <- c(Phi_test %*% par[,i])               # 予測値
+   lines(x_test, ypred, lty=i, lwd=2, col=2)      # 予測値のプロット
+ }
> legend("topright", paste("lambda=2^(",c(-12,-6,0,6),")",sep=""),
+        lty=1:4,lwd=rep(2,4),col=rep(2,4))
```

Rでは,glmnetパッケージの関数 **glmnet**,MASSパッケージの **lm.ridge** などを使ってリッジ回帰による推定を行えます.正則化パラメータのスケールや定

数項も正則化するかなど，提供されている関数の実装に依存するので注意してください．

リッジ回帰を `glmnet` で計算した例を示しましょう．オプション alpha を 0 に設定すると，リッジ回帰による推定になります．入力のデータ行列として $x_{ij} = \phi_j(\boldsymbol{x}_i)$ を与えます．オプションの lambda として λ/n (n はデータ数) とすると，式 (8.5) の結果と一致します．

```
> library(glmnet)          # glmnet を使う
> n <- 100                 # データ数
> degree <- 8              # 多項式モデルの次数
> lambda <- 2^(-12)        # 正則化パラメータ
> # データ生成
> x <- runif(n,min=-2,max=2)
> y <- sin(2*pi*x)/x + rnorm(n,sd=0.5)
> # データ行列
> Phi <- outer(x,1:degree,FUN="^")
> # glmnet によるリッジ回帰
> gl <- glmnet(Phi,y,alpha=0,family="gaussian",lambda=lambda/n)
```

定数項 θ_0 と係数 $\theta_1, \ldots, \theta_D$ の結果は，それぞれ gl$a0 と gl$beta に格納されます．結果をプロットします（図 8.7）．

```
> tx <- seq(-2,2,l=100)                    # テスト点
> testPhi <- outer(tx,1:degree,FUN="^")    # テスト点でのデータ行列
> predy <- predict(gl,newx=testPhi)        # 予測値
> # プロット
> plot(x,y)
> lines(tx,predy,lwd=2,col=2)
```

`glmnet` 関数では，オプション nlambda に正則化パラメータの候補の数を指定することで，自動的に適切な範囲の lambda に対してパラメータ推定が行われ，結果が返されます．以下の例では，定数項の推定値 gl$a0 は nlambda 次元のベクトル，gl$beta は $D \times$ nlambda のサイズの行列として，推定結果が得られます．

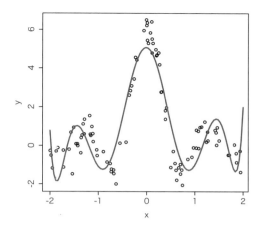

図 8.7 関数 `glmnet` によるリッジ回帰の結果

```
> # 10 個の正則化パラメータを試す
> gl <- glmnet(Phi[,-1],y,alpha=0,family="gaussian",nlambda=10)
> gl$a0                    # それぞれの正則化パラメータで推定された定数項の値
       s0        s1        s2        s3        s4
0.7481965 0.7607340 0.7817265 0.8325205 0.9349477
       s5        s6        s7        s8        s9
1.0919371 1.2899397 1.5372426 1.8196093 2.1042654
> gl$beta                  # それぞれの正則化パラメータで推定された係数パラメータ
8 x 10 sparse Matrix of class "dgCMatrix"
[[ suppressing 10 column names 's0', 's1', 's2' ... ]]

V1 -4.632227e-38 -3.185504e-04 -8.889048e-04
V2 -8.713509e-37 -5.877147e-03 -1.588422e-02
   ・・・省略・・・
V7  2.508520e-39  1.690307e-05  4.562007e-05
V8 -1.057868e-38 -7.005319e-05 -1.832545e-04
```

`predict` により，複数の正則化パラメータに対応する回帰関数による予測値を出力します．以下，λ の候補を指定して回帰関数をリッジ回帰で推定し，結果をプロットします（図 8.8）．

```
> # 正則化パラメータを 10^(-6:1) としてリッジ回帰
> gl <- glmnet(Phi,y,alpha=0,family="gaussian",lambda=10^(-6:1))
> tx <- seq(-2,2,l=100)                    # テスト点
> testPhi <- outer(tx,1:degree,FUN="^")    # テスト点でのデータ行列
> # 予測値：(テスト点の数，lambda の候補数) の行列
> predy <- predict(gl,newx=testPhi)
> plot(x,y)                                # データ点のプロット
> for(i in 1:ncol(predy)){
+   lines(tx,predy[,i],col=2)              # 予測値のプロット
+ }
>
```

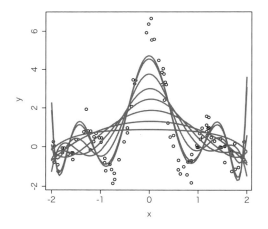

図 8.8 関数 `glmnet` によるリッジ回帰．$\lambda = 10^{-6} \sim 10^1$ の範囲で回帰関数を推定．

8.5 カーネル回帰分析

基底関数 $\phi_i(\boldsymbol{x})$ $(i=1,\ldots,D)$ を用いて回帰関数を推定することを考えましょう．次元 D が大きいモデルはさまざまなデータに対応できますが，計算コストが大きくなります．基底関数の代わりにカーネル関数と呼ばれる関数を使って統計モデルを表現することで，次元 D が非常に大きくても効率的に回帰関数を計算することができます．このような考え方は，カーネル法と呼ばれる汎用的な統計手法として発展しています．以下，カーネル関数を用いる回帰分析の方法を紹

介し，kernlab パッケージによる計算例を示します．カーネル法の理論に関する詳しい説明は，文献 [14] などが参考になります．

次元 D が大きい状況を想定するので，正則化項を付けてリッジ回帰を行います．問題 (8.4) における $(\theta_1, \ldots, \theta_D)^T$ の最適解は，n 本のベクトル

$$\boldsymbol{\phi}_j = \begin{pmatrix} \phi_1(\boldsymbol{x}_j) \\ \vdots \\ \phi_D(\boldsymbol{x}_j) \end{pmatrix} \quad (j = 1, \ldots, n)$$

の線形和で表せます．なぜなら，ベクトル $\boldsymbol{\phi}_1, \ldots, \boldsymbol{\phi}_n$ に直交する成分がないほうが，式 (8.4) の値が小さくなるからです．そこで，パラメータ $(\theta_0, \theta_1, \ldots, \theta_d)$ の探索範囲を

$$\theta_0 \in \mathbb{R}, \quad \begin{pmatrix} \theta_1 \\ \vdots \\ \theta_d \end{pmatrix} = \sum_{j=1}^{n} \alpha_j \boldsymbol{\phi}_j, \quad \alpha_1, \ldots, \alpha_n \in \mathbb{R} \tag{8.6}$$

として，最適解を求めます．次元 D がデータ数 n より大きい場合でも，最適化で求めるパラメータ数は高々データ数で抑えられます．考えている最適化問題は同じですが，表現を変えることで解きやすくなります．

基底関数 $\phi_1(\boldsymbol{x}), \ldots, \phi_D(\boldsymbol{x})$ に対して，カーネル関数 $k(\boldsymbol{x}, \boldsymbol{x}')$ を

$$k(\boldsymbol{x}, \boldsymbol{x}') = \sum_{d=1}^{D} \phi_d(\boldsymbol{x}) \phi_d(\boldsymbol{x}')$$

と定めます．式 (8.6) の表現を用いると，回帰関数は

$$\theta_0 + \theta_1 \phi_1(\boldsymbol{x}) + \cdots + \theta_D \phi_D(\boldsymbol{x}) \\ = \theta_0 + \alpha_1 k(\boldsymbol{x}_1, \boldsymbol{x}) + \cdots + \alpha_n k(\boldsymbol{x}_n, \boldsymbol{x})$$

となり，正則化項は

$$\sum_{i=1}^{D} \theta_i^2 = \sum_{i=1}^{n} \sum_{j=1}^{n} \alpha_i \alpha_j k(\boldsymbol{x}_i, \boldsymbol{x}_j)$$

と表されます．したがって，問題 (8.4) は

$$\sum_{i=1}^{n}\{y_i - (\theta_0 + \alpha_1 k(\boldsymbol{x}_1, \boldsymbol{x}_i) + \cdots + \alpha_n k(\boldsymbol{x}_n, \boldsymbol{x}_i))\}^2$$
$$+ \lambda \sum_{i=1}^{n} \sum_{j=1}^{n} \alpha_i \alpha_j k(\boldsymbol{x}_i, \boldsymbol{x}_j) \tag{8.7}$$

と等価になります．パラメータ $\theta_0, \alpha_1, \ldots, \alpha_n$ について最小化することで，回帰関数を推定できます．式 (8.7) を最小にするパラメータを求めます．$n \times n$ 行列 K を

$$K = \begin{pmatrix} k(\boldsymbol{x}_1, \boldsymbol{x}_1) & \cdots & k(\boldsymbol{x}_1, \boldsymbol{x}_n) \\ \vdots & \ddots & \vdots \\ k(\boldsymbol{x}_n, \boldsymbol{x}_1) & \cdots & k(\boldsymbol{x}_n, \boldsymbol{x}_n) \end{pmatrix}$$

とします．これをカーネル関数 k の**グラム行列**といいます．グラム行列 K とベクトル $\boldsymbol{y} = (y_1, \ldots, y_n)^T$, $\boldsymbol{1} = (1, \ldots, 1)^T$, $\boldsymbol{\alpha} = (\alpha_1, \ldots, \alpha_n)^T \in \mathbb{R}^n$ を用いると，式 (8.7) の極値条件は

$$\begin{pmatrix} \boldsymbol{1} & K + \lambda I \\ n & \boldsymbol{1}^T K \end{pmatrix} \begin{pmatrix} \theta_0 \\ \boldsymbol{\alpha} \end{pmatrix} = \begin{pmatrix} \boldsymbol{y} \\ \boldsymbol{1}^T \boldsymbol{y} \end{pmatrix} \tag{8.8}$$

となります．この線形方程式を解けば回帰関数が得られます．$\lambda > 0$ なら解は一意に存在します．

カーネル関数の例をいくつか紹介します．

$$\begin{aligned}
&\text{線形カーネル：} && k(\boldsymbol{x}, \boldsymbol{x}') = \boldsymbol{x}^T \boldsymbol{x}' \\
&\text{多項式カーネル：} && k(\boldsymbol{x}, \boldsymbol{x}') = (1 + \boldsymbol{x}^T \boldsymbol{x}')^D \ (D = 1, 2, 3, \ldots) \\
&\text{ガウスカーネル：} && k(\boldsymbol{x}, \boldsymbol{x}') = \exp\{-\sigma \|\boldsymbol{x} - \boldsymbol{x}'\|^2\} \ (\sigma > 0) \\
&\text{ラプラスカーネル：} && k(\boldsymbol{x}, \boldsymbol{x}') = \exp\{-\sigma \|\boldsymbol{x} - \boldsymbol{x}'\|_1\} \ (\sigma > 0)
\end{aligned}$$

ここで，$\|\cdot\|$ はユークリッドノルム，$\|\cdot\|_1$ は L_1 ノルムです[*1]．多項式カーネルは統計モデルとして D 次多項式を用いることと同じです．ガウスカーネルやラプラスカーネルは，無限個の適当な基底関数 $\phi_1(\boldsymbol{x}), \phi_2(\boldsymbol{x}), \ldots$ によって生成される統計モデルを用いることと等価です．実際，ガウスカーネルで $\sigma = 1$ のとき，$x \in \mathbb{R}$ に対して

[*1] $\|\boldsymbol{x}\| = \sqrt{\sum_{i=1}^{d} x_i^2}$, $\|\boldsymbol{x}\|_1 = \sum_{i=1}^{d} |x_i|$.

$$\phi_j(x) = \frac{x^j}{\sqrt{j!}} e^{-x^2/2}$$

とすると,

$$k(x, x') = \sum_{d=0}^{\infty} \phi_j(x) \phi_j(x')$$

となることが確認できます.したがって,ガウスカーネルによる回帰関数の推定は,無限次元の統計モデルを用いることに対応します.この場合でも,回帰関数の推定 (8.4) は(近似することなしに)有限次元の最適化問題 (8.7) に帰着されます.

R による計算例を示します.グラム行列の生成には kernlab パッケージで提供されている関数 **kernelMatrix** を使います.次のオプションでカーネル関数を指定します.

- 線形カーネル:vanilladot
- 多項式カーネル:polydot
- ガウスカーネル:rbfdot
- ラプラスカーネル:laplacedot

カーネル関数に含まれるパラメータは,rbfdot(sigma=3) のように設定します.

ガウスカーネルを用いて回帰関数を推定する例を示します.式 (8.8) を解いてパラメータを推定し,予測を行います.

```
> library(kernlab)
> n <- 100                                  # データ数
> # データ生成
> x <- matrix(runif(n,min=-4,max=4))
> y <- sin(pi*x)/x + rnorm(n,sd=0.5)
> sigma  <- 3                               # カーネルパラメータの設定
> K <- kernelMatrix(rbfdot(sigma=sigma),x)  # ガウスカーネルのグラム行列
> lambda <- 1                               # 正則化パラメータ設定
> # カーネル回帰の極値条件に現れる行列とベクトル
> extK <- rbind(cbind(rep(1,n), K+diag(lambda,n)), c(n, rowSums(K)))
> exty <-  c(y,sum(y))
```

```
> # 推定量を求める
> par <- solve(extK, exty)
> theta0 <- par[1]; alpha <- par[-1]
> # プロット
> predy <- theta0 + K %*% alpha
> plot(x,y)
> lines(sort(x),predy[order(x)],col=2,lwd=2)
```

プロットの結果は図 8.9 のようになります.

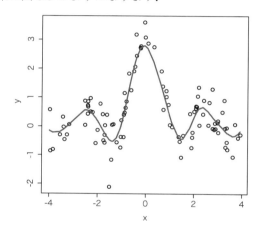

図 8.9 ガウスカーネルによるカーネル回帰分析の結果

CVST パッケージの関数 **constructKRRLearner** を使ってカーネル回帰を行うこともできます. ただし, 定数項 θ_0 がない統計モデル

$$y = \sum_{i=1}^{n} k(\boldsymbol{x}, \boldsymbol{x}_i)\alpha_i + \varepsilon_i$$

を用いるので, 推定パラメータは $\boldsymbol{\alpha} = (K + \lambda I)^{-1}\boldsymbol{y}$ となります.

計算例を示しましょう. 上のカーネル回帰の R コードで生成したデータ x, y とグラム行列 K を用います. データのクラスが CVST.data になるように, **constructData** でオブジェクトを作成します. 正則化パラメータの変数 lambda は λ/n (n はデータ数) に対応します. データオブジェクトからデータ数を得るには, **getN** を使います.

```
> # x, y, K, sigma, lambda はすでにある
> library(CVST)                                    # constructData を使う
> dat <- constructData(x=x,y=c(y))                 # データのオブジェクト生成
> n <- getN(dat)                                   # データ数の取得
> # カーネルパラメータの設定
> par <- list(kernel="rbfdot",sigma=sigma,lambda=lambda/n)
> KRR <- constructKRRLearner()                     # オブジェクト生成
> m <- KRR$learn(dat, par)                         # データから学習
> predyCV <- KRR$predict(m, dat)                   # 予測
> predy2  <- K %*% solve(K+diag(lambda,n),y)       # グラム行列から予測値を計算
> mean(abs(predyCV-predy2))                        # 2 種類の計算法の平均誤差
[1] 4.014887e-16
```

出力の予測値を `predyCV` に代入しています．グラム行列から直接計算した結果 `predy2` との誤差はほぼゼロになっています．

# 第9章 クラスタリング

クラスタリングとは，似ているデータ点をまとめることです．このための基本的な考え方は，まず類似度を定義し，これに基づいて近いデータ点を一つのグループにまとめていきます．どの点をどのグループに割り当てるかという問題は，適切に定式化しないと計算が膨大になってしまいます．このような問題を回避しつつ，統計的に妥当な結果を与えるクラスタリング手法を紹介します．

本章で使うパッケージ
- HDclassif, mlbench, HSAUR3：データの例
- kernlab：カーネル k 平均法，スペクトラルクラスタリング
- mclust：混合正規分布によるクラスタリング

9.1　k 平均法

データ点 $x_1, \ldots, x_n \in \mathbb{R}^d$ が与えられたとき，これらを k 個のグループ $C_1, \ldots, C_k$ に分けることを考えます．出力ラベルがないので，グループ分けの仕方は各点の近さを測る距離尺度によって決まります．まず，各グループに対応して代表点 $\mu_1, \mu_2, \ldots, \mu_k \in \mathbb{R}^d$ をとります．点 x に対して最も近い代表点に対応するグループを割り当てます（図 9.1）．

2点間の距離（ユークリッド距離とは限らない）を $d(x, x')$ とするとき，グループ分けに対する損失を

$$\sum_{\ell=1}^{k} \sum_{x \in C_\ell} d(x, \mu_\ell)^2 \tag{9.1}$$

と定義します．グループごとに点がまとまっているほど小さな値になります．こ

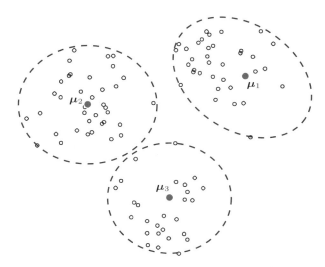

図 9.1　代表点によるグループ分け

のような基準でクラスタリングを行う方法を k 平均法といいます.

標準的なユークリッド距離の場合について計算します. $|C_\ell|$ を C_ℓ に含まれる点の数とします. グループ C_ℓ に属す点の平均ベクトルを

$$\bar{\boldsymbol{x}}_\ell = \frac{1}{|C_\ell|} \sum_{\boldsymbol{x} \in C_\ell} \boldsymbol{x}$$

とすると, グループ分け $C_1, \ldots, C_k$ に対して

$$\sum_{\boldsymbol{x} \in C_\ell} \|\boldsymbol{x} - \boldsymbol{\mu}_\ell\|^2 \geq \sum_{\boldsymbol{x} \in C_\ell} \|\boldsymbol{x} - \bar{\boldsymbol{x}}_\ell\|^2 \quad (\ell = 1, \ldots, k)$$

が成り立ちます. よって, グループ分けが与えられたもとで, $\boldsymbol{\mu}_\ell = \bar{\boldsymbol{x}}_\ell$ ($\ell = 1, \ldots, k$) とすれば, 式 (9.1) が最小になります. この関係を使うと, ユークリッド距離を用いるときの k 平均法のアルゴリズムは, 図 9.2 のように構成できます.

ユークリッド距離以外の距離を用いるときは, たいてい $\boldsymbol{\mu}_\ell$ の計算が簡単ではありません. しかし, 数値最適化により $\boldsymbol{\mu}_\ell$ を求め, 代表点に応じて $C_1, \ldots, C_k$ を更新することで, 損失が単調に減少するアルゴリズムを構成できます.

クラスタリングの損失を点 $\boldsymbol{\mu}_1, \ldots, \boldsymbol{\mu}_k$ の関数と見なすと, 非凸関数になっているため, 図 9.2 の方法で大域的な最適解が得られる保証はありません. 実用上は,

■ k 平均法

入力： データ点 $\boldsymbol{x}_1, \ldots, \boldsymbol{x}_n \in \mathbb{R}^d$，グループ数 k

初期化： $\boldsymbol{\mu}_1, \ldots, \boldsymbol{\mu}_k \in \mathbb{R}^d$ を初期値に設定する．

step 1. 次の (1)〜(3) を繰り返す．

(1) グループ $C_1, \ldots, C_k$ を更新する．

$$C_\ell = \{\boldsymbol{x}_i \mid \|\boldsymbol{x}_i - \boldsymbol{\mu}_\ell\| \leq \|\boldsymbol{x}_i - \boldsymbol{\mu}_{\ell'}\|, \ell' \neq \ell\}$$

ただし，各データ点はいずれか一つのグループに属すとする．

(2) 代表点を更新する．

$$\boldsymbol{\mu}_\ell = \frac{1}{|C_\ell|} \sum_{\boldsymbol{x} \in C_\ell} \boldsymbol{x} \quad (\ell = 1, \ldots, k)$$

(3) 損失 (9.1) の値が収束したら step 2 へ．

step 2. クラスタリングの結果として $C_1, \ldots, C_k$ を出力する．

図 9.2 k 平均法のアルゴリズム

代表点 $\boldsymbol{\mu}_1, \ldots, \boldsymbol{\mu}_k \in \mathbb{R}^d$ の初期値をいくつか変えて計算する必要があります．

R では，関数 **kmeans** によって，k 平均法によるクラスタリングを行えます．初期値を変えて計算する回数を，オプション nstart で設定します．wine データに対して k 平均法を適用した例を以下に示します．wine データは HDclassif パッケージに収められています．各データベクトルは，化学的分析の結果（13 次元）と品種の違い（3 種類）を含みます．データから品種の情報を除いてクラスタリングを実行し，結果を比較します．

```
> library(HDclassif)          # wine データを使う
> data(wine)                  # データ読み込み
> x <- wine[,-1]              # 品種の情報を除く
> x <- scale(x)               # 各軸をスケーリング
> class <- wine[,1]           # 品種
> km <- kmeans(x,3,nstart=10) # k=3 で k 平均法を実行
> km$cluster                  # 各データ点に対応するクラスタを表示
 表示は省略
```

データを主成分分析により2次元に射影し，品種による色分けとk平均法による色分けでそれぞれプロットします（図9.3）．

```
> pca <- prcomp(x)              # データを主成分分析
> # プロット
> par(mfrow=c(1,2))
> plot(pca$x[,1:2],col=class)   # 品種によるグループ分け
> plot(pca$x[,1:2],col=km$cl)   # クラスタリングによるグループ分け
```

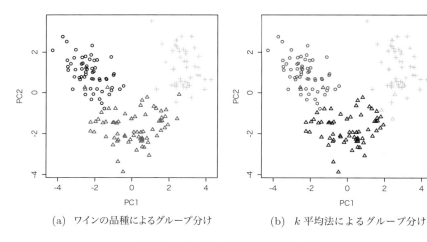

(a) ワインの品種によるグループ分け　　(b) k平均法によるグループ分け

図 9.3　wineデータのクラスタリング

このデータでは，化学的分析の結果は品種の違いをよく反映していると言えます．

次に，データをiris（アヤメの計測データ）に変えて計算を行いましょう．クラスタリングの結果と種類によるラベル付けの結果を比較します．

```
> x <- scale(iris[,-5])
> class <- iris[,5]
> km <- kmeans(x,3,nstart=10)   # k平均法 (k=3)
> # 2次元にプロット
> pca <- prcomp(x)
```

```
> par(mfrow=c(1,2))
> plot(pca$x[,1:2],col=class)        # 種類によるグループ分け
> plot(pca$x[,1:2],col=km$cl)        # クラスタリングによるグループ分け
```

クラスタリングではラベルの情報は用いないため，どのグループがどのラベルに対応するかを定めることはできません．しかし，各グループと各ラベルがそれぞれ対応している様子が分かります（図 9.4）．ラベルの境界にあまりデータがない場合には，クラスタリングによってラベルごとのまとまりを取り出せます．一方，ラベルの境界にデータが多くある場合は，クラスタリングによる結果とラベル付けは一般に対応しません．

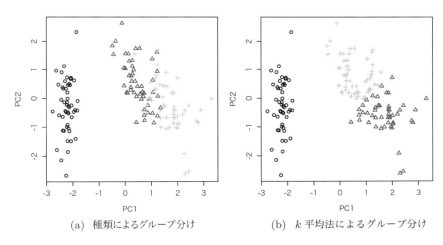

(a) 種類によるグループ分け　　(b) k 平均法によるグループ分け

図 9.4　iris データのクラスタリング

9.2　カーネル k 平均法

k 平均法では，グループ C_ℓ の中心点 $\boldsymbol{\mu}_\ell$ までの距離に従って，データをクラスタリングします．このため，各中心点 $\boldsymbol{\mu}_\ell$ の領域はデータ空間における凸領域になり，データの塊ごとにグループ分けされる傾向があります．データの構造が少し複雑になると，k 平均法では対応できなくなります．例えば，図 9.5 のようなデータを k 平均法で適切にクラスタリングすることはできません．このよう

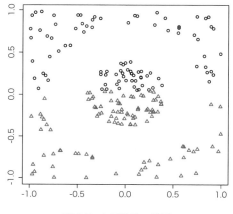

図 9.5 k 平均法の結果

なデータに対応するための方法がいくつか提案されています．本節では，カーネル関数を用いてデータを非線形変換する方法である**カーネル k 平均法**を紹介します．

カーネル k 平均法では，8.5 節のカーネル回帰と同様に，まずデータを高次元にマップしてから k 平均法を実行します．高次元への関数を

$$x \longmapsto \phi(x)$$

とします．関数 ϕ の内積を $K(x, x') = \phi(x)^T \phi(x')$ と表します．これをカーネル関数といいます．8.5 節で紹介した多項式カーネルやガウスカーネル，ラプラスカーネルなどが使われます．

通常の k 平均法と同様に，グループ C_ℓ に代表点 μ_ℓ を対応させます．データ点 $\phi(x)$ がこの代表点に近ければ x は C_ℓ に属すとします．クラスタリング $C_1, \ldots, C_k$ に対する損失を

$$\sum_{\ell=1}^{k} \sum_{x \in C_\ell} \|\phi(x) - \mu_\ell\|^2$$

と定義します．k 平均法の場合と同様に，グループ分け $C_1, \ldots, C_k$ のもとで μ_ℓ を

$$\mu_\ell = \bar{\phi}_\ell := \frac{1}{|C_\ell|} \sum_{x \in C_\ell} \phi(x)$$

とおくのが最適です．関数 $\mathrm{dist}(\boldsymbol{x}, C_\ell)$ を $\mathrm{dist}(\boldsymbol{x}, C_\ell) = \|\phi(\boldsymbol{x}) - \bar{\phi}_\ell\|^2$ と定めると，関数 ϕ とカーネル関数 K の関係から

$$\mathrm{dist}(\boldsymbol{x}, C_\ell) = K(\boldsymbol{x},\boldsymbol{x}) - \frac{2}{|C_\ell|} \sum_{\boldsymbol{x}' \in C_\ell} K(\boldsymbol{x},\boldsymbol{x}') \\ + \frac{1}{|C_\ell|^2} \sum_{\boldsymbol{x}',\boldsymbol{x}'' \in C_\ell} K(\boldsymbol{x}',\boldsymbol{x}'')$$

となることが分かります．すなわち，カーネル関数だけから $\mathrm{dist}(\boldsymbol{x}, C_\ell)$ を計算することができます．この関係を使うと，図 9.6 のようなアルゴリズムを構成できます．

■ カーネル k 平均法
入力： データ点 $\boldsymbol{x}_1, \ldots, \boldsymbol{x}_n \in \mathbb{R}^d$，グループ数 k，カーネル関数 $K(\boldsymbol{x},\boldsymbol{x}')$
初期化： グループ $C_1, \ldots, C_k$ を定める．
step 1. 次の (1), (2) を繰り返す．
　(1)　$C_1, \ldots, C_k$ を次のように更新する．

$$C_\ell \longleftarrow \{\boldsymbol{x}_i : \mathrm{dist}(\boldsymbol{x}_i, C_\ell) \leq \mathrm{dist}(\boldsymbol{x}_i, C_{\ell'}),\ \ell' \neq \ell\}$$

　　　ただし，各データ点はいずれか一つのグループに属すとする．
　(2)　損失 $\sum_{\ell=1}^{k} \sum_{\boldsymbol{x} \in C_\ell} \mathrm{dist}(\boldsymbol{x}, C_\ell)$ の値が収束したら step 2 へ．
step 2. クラスタリングの結果として $C_1, \ldots, C_k$ を出力する．

図 9.6　カーネル k 平均法のアルゴリズム

カーネル k 平均法は，kernlab パッケージの **kkmeans** として実装されています．

```
> library(kernlab)                              # kkmeans
> library(mlbench)                              # mlbench.circle
> # データを生成
> data <- mlbench.circle(200, d=2)
> data$x[data$cl==1,] <- 0.5*data$x[data$cl==1,]
```

```
> # クラスタ数 2, ガウスカーネルを使う
> kkm <- kkmeans(data$x, 2, kernel="rbfdot")
> plot(data$x, col=kkm)                          # プロット
```

カーネル k 平均法を使うと，図 9.7 に示すように凸領域では表せないクラスタを構成することができます．

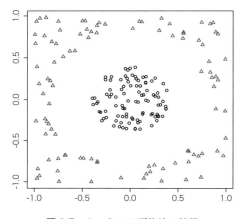

図 9.7　カーネル k 平均法の結果

9.3　スペクトラルクラスタリング

9.3.1　グラフの切断とクラスタリング

データとして集合 $X = \{x_1, \ldots, x_n\}$ が与えられているとします．これらは必ずしもユークリッド空間内の点であるとは限りません．さらに，X の点の間に類似度 $w(x_i, x_j) \geq 0$ が定められている状況を考えます．類似度は対称性 $w(x_i, x_j) = w(x_j, x_i)$ を満たすと仮定します．このとき，類似度が大きい点のペアが近くに配置されるように，点集合をユークリッド空間 $\mathbb{R}^k$ にマップします．この結果に k 平均法などを適用し，X に対するクラスタリングを行います[*1]．このようなクラスタリング法を**スペクトラルクラスタリング** [15] といいます．

[*1] 写像先の空間の次元とクラスタリングのグループ数はともに k とします．詳細は 139 ページを参照．

9.3 スペクトラルクラスタリング

類似度を $\mathbb{R}^k$ にマップする方法として，グラフの切断（グラフカット）の考え方を用います．グラフ G に頂点集合 X と頂点間の辺の集合 $E(\subset X \times X)$ で構成され，$G = (X, E)$ のように表します．今の問題設定では，頂点の集合を X とし，辺の集合 E は $w(x_i, x_j) > 0$ であるすべてのペア (x_i, x_j) からなるとします．類似度がゼロなら辺はありません．辺に方向はないとし，(x_i, x_j) と (x_j, x_i) は区別しません．このグラフを k 個の部分グラフに切断することを，データのクラスタリングに対応させます．

ここで，グラフの切断とは，グラフからいくつかの辺を除いて，離ればなれになった複数個のグラフに分割することをいいます（図 9.8）．グラフの頂点をいくつかのグループに分けて，異なるグループ間の辺を取り除くことで，グラフの切断を行います．辺を取り除くとき，それらの類似度の総和が小さくなるようにグループ分けをします．

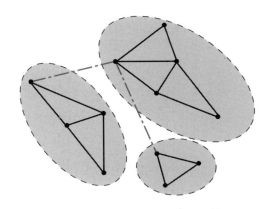

図 9.8　グラフの切断によるグループ分け

■ 9.3.2　アルゴリズム

データ点を $C_1, \ldots, C_k$ にグループ分けすることを考えます．C_ℓ とそれ以外のグループ間に張られている辺の類似度の総和は

$$\sum_{i \in C_\ell, j \notin C_\ell} w(x_i, x_j)$$

となります．これをグループのサイズに関して規格化し，グループ分け $C_1, \ldots, C_k$ に対する損失を

$$\bar{L}_w(C_1,\ldots,C_k) = \sum_{\ell=1}^{k} \frac{1}{|C_\ell|} \sum_{i \in C_\ell, j \notin C_\ell} w(x_i, x_j)$$

と定めます．これを最小にするグループ分けが，グラフ切断の基準のもとで最適です．

損失 $\bar{L}_w$ の最小化は組合せ最適化問題であり，データ数が多いと，厳密な最小解を求めることは一般に困難です．そこで，問題を少し変えて解きやすくします．このような方法は，最適化では緩和手法と呼ばれています．緩和により最適解が変わってしまいますが，ここでは計算効率を重視することにします．

データのグループ分けを表す $n \times k$ 行列 $H = (h_{i\ell})$ を

$$h_{i\ell} = \begin{cases} \dfrac{1}{\sqrt{|C_\ell|}}, & x_i \in C_\ell \\ 0, & x_i \notin C_\ell \end{cases}$$

と定めます．このとき $H^T H$ は k 次元単位行列になります．行列 H を使うと損失 $\bar{L}_w$ は

$$\bar{L}_w(C_1,\ldots,C_k) = \frac{1}{2} \sum_{\ell=1}^{k} \sum_{i,j=1}^{n} w(x_i, x_j)(h_{i\ell} - h_{j\ell})^2 \tag{9.2}$$

と表せます．なぜなら

$$(h_{i\ell} - h_{j\ell})^2 = \begin{cases} \dfrac{1}{|C_\ell|}, & \text{「}i \in C_\ell \text{ かつ } j \notin C_\ell\text{」または} \\ & \text{「}j \in C_\ell \text{ かつ } i \notin C_\ell\text{」} \\ 0, & \text{その他} \end{cases}$$

が成り立つからです．ここで，行列 W を $W_{ij} = w(x_i, x_j)$，また n 次対角行列 D を $D_{ii} = \sum_{j=1}^{n} W_{ij}$ $(i=1,\ldots,n)$ と定めます．$L = D - W$ とおくと，

$$\begin{aligned}\bar{L}_w(C_1,\ldots,C_k) &= \sum_{\ell=1}^{k} \sum_{i,j=1}^{n} w_{ij} h_{i,\ell}^2 - \sum_{\ell=1}^{k} \sum_{i,j=1}^{n} w_{ij} h_{i,\ell} h_{j,\ell} \\ &= \operatorname{tr}(H^T D H) - \operatorname{tr}(H^T W H) = \operatorname{tr}(H^T L H)\end{aligned}$$

が得られます．L を**グラフラプラシアン**といいます．

グループ分けに対応する行列 H のみを考えると，$\bar{L}_w(C_1,\ldots,C_k)$ の最適化は組合せ的に困難です．そこで，$H \in \mathbb{R}^{n\times k}$ として $H^T H = I_k$（k 次元単位行列）を満たすすべての行列を許すことにします．このように H の範囲に広げた（緩和した）最適化問題を

$$\min_{H\in\mathbb{R}^{n\times k}} \mathrm{tr}(H^T L H) \quad \text{subject to} \quad H^T H = I_k \tag{9.3}$$

とします．この問題の最適解は，L の n 次元固有ベクトルを，固有値が小さいほうから k 個並べた行列として与えられます．なお，L は非負定値行列となることが分かるので，固有値は非負です．問題 (9.3) の最適解を

$$H = \begin{bmatrix} \bm{h}_1^T \\ \vdots \\ \bm{h}_n^T \end{bmatrix} \in \mathbb{R}^{n\times k}$$

とします．類似度から定まるグラフラプラシアンを使って，各データ $x_i \in X$ に対応する点配置 $\bm{h}_i \in \mathbb{R}^k$ を上記のように求める方法を，**局所性保存射影**といいます．

各ベクトル $\bm{h}_1,\ldots,\bm{h}_n \in \mathbb{R}^k$ は，各データ $x_1,\ldots,x_n$ のグループ分けに関する情報を持っていると考えられます．実際，損失 $\bar{L}_w(C_1,\ldots,C_k)$ の表現 (9.2) との対応から，x_i, x_j が同じグループに属すなら $\bm{h}_i, \bm{h}_j$ は近いと期待されます．したがって，$\bm{h}_1,\ldots,\bm{h}_n$ に k 平均法などの標準的なクラスタリング手法を直接適用することで，X のクラスタリングが得られます．以上をまとめると，スペクトラルクラスタリングのアルゴリズムは図 9.9 のようになります．

点集合を埋め込む空間の次元とグループ数との対応について補足します．グラフ G が最初から k 個の連結成分に分かれているとします．このとき，対応するグラフラプラシアン L は，重複度 k のゼロ固有値を持つことが知られています [15]．さらに，式 (9.3) の最適解を与えるベクトル $\bm{h}_1,\ldots,\bm{h}_n \in \mathbb{R}^k$ は，x_i, x_j が同じ連結成分に属すなら $\bm{h}_i = \bm{h}_j$ となります．この事実を踏まえ，点集合を k 個のグループに分けるとき，各点を k 次元空間に写像します[*2]．

[*2] ゼロ固有値の固有ベクトル $(1,\ldots,1)^T \in \mathbb{R}^n$ を除くことで，本質的には $k-1$ 次元空間の点に対応させることができます．

> ■ スペクトラルクラスタリング
> 入力： データ $X = \{x_1, \ldots, x_n\}$，各データの類似度 $w(x_i, x_j) \geq 0$
> step 1. n 次行列 $W = (W_{ij})$，$D = (D_{ij})$ $(i, j = 1, \ldots, n)$ を
> $$W_{ij} = w(x_i, x_j), \quad D_{ij} = \begin{cases} \sum_{k=1}^{n} W_{ik}, & i = j \\ 0, & i \neq j \end{cases}$$
> とし，$L = D - W$ とおく．
> step 2. L の固有値を小さいほうから k 個求め，対応する n 次元固有ベクトルを k 個並べた行列を
> $$H = \begin{bmatrix} \boldsymbol{h}_1^T \\ \vdots \\ \boldsymbol{h}_n^T \end{bmatrix} \in \mathbb{R}^{n \times k} \quad (\text{ただし } H^T H = I_k)$$
> とする．
> step 3. $\boldsymbol{h}_1, \ldots, \boldsymbol{h}_n \in \mathbb{R}^k$ に対して k 平均法を適用する．$\boldsymbol{h}_i$ と x_i を対応させて，X に対するクラスタリングの結果とする．

図 9.9 スペクトラルクラスタリングのアルゴリズム

重みを決めるためにガウスカーネルがよく用いられます．データがベクトルとして $\boldsymbol{x}_1, \ldots, \boldsymbol{x}_n \in \mathbb{R}^d$ のように与えられるとき，重みを $W_{ij} = \exp\{-\sigma \|\boldsymbol{x}_i - \boldsymbol{x}_j\|^2\}$ と定めます．さらに，2点間の距離があるしきい値より大きいときは $W_{ij} = 0$ とする，というルールと併せて適用することもあります．また，データによっては他のカーネル関数を用いることもあります．

kernlab パッケージにある **specc** を紹介しましょう．関数 **specc** の実装では，

$$\mathrm{tr}(H^T(D - W)H)$$

を最小化するとき，条件 $H^T D H = I_k$ のもとで $\mathrm{tr}(H^T W H)$ を最大化して解を求めます．これも固有値問題に帰着されます．同じデータにカーネル k 平均法を適用した結果を示しましょう．

9.3 スペクトラルクラスタリング

```
> library(kernlab)                    # specc を使う
> library(mlbench)                    # mlbench.spirals を使う
> # データの生成
> data <- mlbench.spirals(300, cycles=1, sd=0.05)
> # スペクトラルクラスタリングを適用
> sc <- specc(data$x, centers=2)
> plot(data$x, col=sc)                # プロット
> # 同じデータにカーネル k 平均法を適用してプロット
> kkm <- kkmeans(data$x,2)
> plot(data$x, col=kkm)
```

結果を図 9.10 に示します．カーネル k 平均法では mlbench.spirals データをうまくクラスタリングできません．これに対して，スペクトラルクラスタリングでは，近いデータ点に大きな重みを置くため，ひとつながりになっているデータをまとめて一つのクラスタとすることができます．

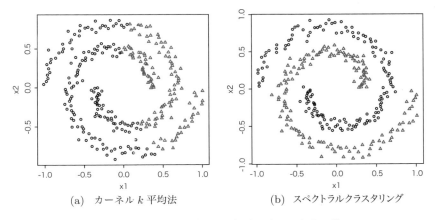

(a) カーネル k 平均法　　(b) スペクトラルクラスタリング

図 9.10　mlbench.spirals データのクラスタリング

次に，スペクトラルクラスタリングを wine データや **mlbench.circle** で生成されるデータに適用します（R コードは省略）．このときはカーネル k 平均法とほとんど同じ結果が得られます（図 9.11）．スペクトラルクラスタリングはさまざまな状況に有効であることが分かります．

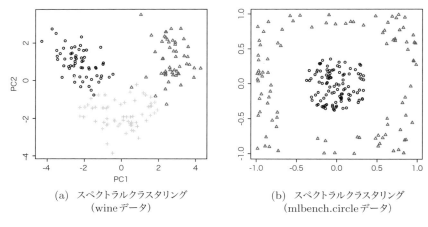

(a) スペクトラルクラスタリング
　　（wineデータ）

(b) スペクトラルクラスタリング
　　（mlbench.circleデータ）

図 9.11　スペクトラルクラスタリングを適用した結果

■ 9.3.3　局所性保存射影と多次元尺度構成法

スペクトラルクラスタリングで使われている局所性保存射影は，5.3 節の多次元尺度構成法（MDS）に似ています．実際，どちらも適当な次元の空間に，重み（類似度）を反映した点配置を与えます．ここでは，HSAUR3 パッケージの voting データに局所性保存射影を適用して 2 次元表現を求め，結果を MDS と比較します．

```
> library(HSAUR3)                         # voting データを使う
> data(voting)                            # データ読み込み
> W <- exp(-voting/median(voting))        # 重みに変換（15 次行列）
> L <- diag(rowSums(W))-W                 # グラフラプラシアン
> ev <- eigen(L)$vector[,13:14]           # 小さい固有値に対応する固有ベクトル
> col <- c()                              # 各点の色を設定
> col[grep("(R)",rownames(W))] <- 2       # Republican Party
> col[grep("(D)",rownames(W))] <- 4       # Democratic Party
> plot(ev,type='n',ann=F)                 # プロット（色分けして数字を表示）
> text(ev,col=col)
```

小さい距離は大きい重みに対応するので，W の定義では voting データにマイナスを付けています．さらに，exp の指数部が適度な大きさになるように，median(voting) で割っています．最小固有値に対応する固有ベクトル

eigen(L)\$vector[,15] は $(1, \ldots, 1)^T$ に比例するため，各点の違いに関する情報は持っていません．このため，基底をなす15個の固有ベクトルのうち第13, 14固有ベクトルを用いて，データ点の2次元表現を構成しています．

得られる点配置の傾向は似ています（図9.12）．例えば，どちらの手法でも，共和党議員12は民主党議員の投票行動に近いという結果になっています．一方，局所性保存射影では民主党議員はほとんど重なっています．似ているものを近くに配置するという基準で点配置を構成しているので，このような結果になっています．これに対して，非計量的MDSでは，類似度を2点間の距離によって直接近似するので，民主党議員も適度にバラけています．目的がクラスタリングのときは，局所性保存射影が適しているようです．

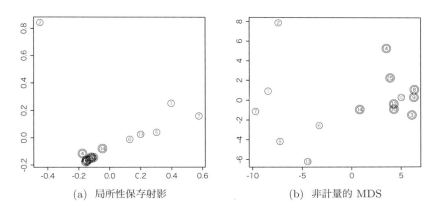

図9.12　votingデータの2次元表現．非計量的MDSは図5.6を再掲．

9.4　混合正規分布によるクラスタリング

本章では，これまで，データの分布に特別な仮定を置かずにデータをクラスタリングする方法を紹介してきました．本節では，データがある確率分布に従うと仮定し，その知識を用いてクラスタリングを行う手法を紹介します．統計モデルとして混合正規分布がよく用いられます．

データの生成過程を

$$\text{グループ } \ell \sim Q, \quad \boldsymbol{x} \sim p_\ell(\boldsymbol{x})$$

のように 2 段階で考えます．まず，データのグループ ℓ が確率分布 Q に従って決まり，次に，グループ ℓ に属すデータ $\boldsymbol{x}$ が確率 $p_\ell(\boldsymbol{x})$ から生成されます．異なるグループから同じ $\boldsymbol{x}$ が生成されることもあります．

データから Q と p_ℓ を推定し，各データが属すグループを予測します．**混合正規分布**では，Q を多項分布，$p_\ell(\boldsymbol{x})$ を d 次元正規分布 $N_d(\boldsymbol{\mu}_\ell, \Sigma_\ell)$ とします．グループ ℓ に属す確率を q_ℓ とおきます．すると，データ $\boldsymbol{x}$ の統計モデルは

$$\sum_{\ell=1}^{k} q_\ell p_\ell(\boldsymbol{x})$$

となります．最尤推定を用いて，$p_\ell(\boldsymbol{x})$ を定めるパラメータ $\boldsymbol{\mu}_\ell, \Sigma_\ell$ と q_ℓ ($\ell = 1, \ldots, k$) を推定します．具体的には，対数尤度

$$\sum_{i=1}^{n} \log \left(\sum_{\ell=1}^{k} q_\ell p_\ell(\boldsymbol{x}_i) \right)$$

を最大にするパラメータを求めます．対数の中がいくつかの関数の和で表されており，計算が少し面倒です．しかし，6.5 節で紹介した EM アルゴリズムにより，簡単なアルゴリズムでパラメータを推定することができます．

推定した分布を $\widehat{q}_\ell, \widehat{p}_\ell(\boldsymbol{x})$ とします．これらから計算される ℓ の条件付き分布

$$\widehat{p}(\ell|\boldsymbol{x}) \propto \widehat{q}_\ell \widehat{p}_\ell(\boldsymbol{x})$$

を最大にするグループに，データ点 $\boldsymbol{x}$ を割り当てます．このようにして，クラスタリングが行えます．

R では mclust パッケージの関数 **Mclust** により，混合正規分布によるクラスタリングが提供されています．普通の k 平均法と同様に，複雑なクラスタ構造に対応することはできません．しかし，統計的モデル選択の手法である BIC を使って，グループ数をデータから自動的に決定することができます．

```
> library(HDclassif)            # wine データ
> library(mclust)               # Mclust
> data(wine)
> x <- scale(wine[,-1])
```

9.4 混合正規分布によるクラスタリング

```
> class <- wine[,1]
> fit <- Mclust(x, G=3)           # グループ数 3 でクラスタリング
> pca <- prcomp(x)                # PCA で低次元に射影
> plot(pca$x[,1:2], col=fit$class) # プロット
>
> fit <- Mclust(x)                # グループ数を推定してクラスタリング
> fit$G                           # グループ数の推定結果
[1] 4
> plot(pca$x[,1:2],col=fit$class) # プロット
```

この例ではグループ数 4 が得られました．結果を図 9.13 に示します．

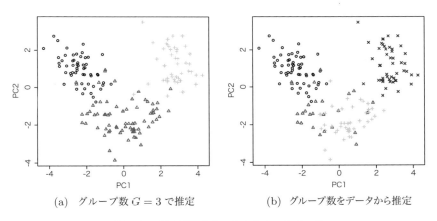

(a) グループ数 $G = 3$ で推定 (b) グループ数をデータから推定

図 9.13 混合正規分布によるクラスタリング

複雑なデータに関数 **Mclust** を適用してみましょう．

```
> library(mclust)                 # Mclust を使う
> library(mlbench)                # mlbench.spirals を使う
> data <- mlbench.spirals(300, cycles=1, sd=0.05)
> fit <- Mclust(data$x)           # グループ数を推定してクラスタリング
> plot(data$x, col=fit$class)
> fit$G                           # グループ数の推定結果
[1] 9
```

図9.14に結果を示します．クラスタリングとして適切とは言いにくいですが，複雑なデータ分布を9個の正規分布で近似していると解釈できます．

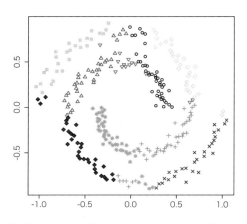

図 9.14 混合正規分布による spirals データのクラスタリング．グループ数を $G = 9$ と推定．

第10章 サポートベクトルマシン

機械学習の分野で発展した学習アルゴリズムであるサポートベクトルマシンについて説明します．この章では，サポートベクトルマシンを実装した kernlab パッケージ [16] などについて紹介します．参考文献としては [17], [18] などがあります．

本章で使うパッケージ
- mlbench：データの例
- kernlab：サポートベクトルマシン
- doParallel：並列計算

10.1 判別問題

データは入力 x と出力 y の組からなり，ある確率分布から独立に $(x_1, y_1), \ldots, (x_n, y_n)$ が得られているとします．入力 x は標準的には $\mathbb{R}^d$ の元としますが，より一般の集合を考えることもできます．判別の問題では，出力 y は有限集合 $\mathcal{Y}$ に値をとるとします．判別問題は，さらに次のように分けられます．

- 2値判別：$\mathcal{Y} = \{+1, -1\}$
  - 迷惑メールの判別，デジタルカメラの顔検出，特定の疾患の診断
- 多値判別：$\mathcal{Y} =\in \{1, 2, \ldots, G\}, G \geq 3$
  - 文字認識，自然言語処理

判別問題における主な目標は，データと同じ分布に従う新たな入力 x に対する出力 y のラベルを予測することです．そのために，異なるラベルを分ける判別境界をデータから学習します（図 10.1）．

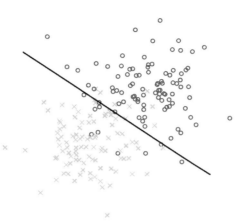

図 10.1　データの散布図とラベルの判別境界

このための手法が，これまでに多数提案されています．通常は，次のような手順でラベルの予測を行います．

入力 x のラベル y を予測する手順

1. データ $(x_1, y_1), \ldots, (x_n, y_n)$ の多くに対して $h(x_i) = y_i$ となるような判別器 $h : \mathbb{R}^d \to \{+1, -1\}$ を学習（推定）．
2. 新たな入力 x のラベルを $h(x) \in \mathcal{Y}$ で予測．

---

2 値判別の場合を考えます．判別器 $h(x)$ は階段状の関数になっていて，不連続関数で扱いにくいことがあります．そこで，より扱いやすい判別関数と呼ばれる関数を使って，判別器のモデリングを行います．符号関数 $\mathrm{sign}(z)$ $(z \in \mathbb{R})$ を

$$\mathrm{sign}(z) = \begin{cases} +1, & z \geq 0 \\ -1, & z < 0 \end{cases}$$

と定めます．まず，実数に値をとる扱いやすい**判別関数** $f: \mathbb{R}^d \to \mathbb{R}$ をデータから推定します．このとき，

$$\text{学習の方針：多くのデータで「} f(\boldsymbol{x}_i) \text{ の符号} = y_i \text{」}$$

となるように判別関数を定めます．判別関数 $f(\boldsymbol{x})$ から判別器 $h(\boldsymbol{x})$ を

$$\text{判別器：} \quad h(\boldsymbol{x}) = \mathrm{sign}(f(\boldsymbol{x}))$$

のように定めます（図 10.2 (a))．判別関数として線形関数がよく用いられます（図 10.2 (b))．

判別関数の集合：$\mathcal{F} = \{ f(\boldsymbol{x}) = \boldsymbol{x}^T \boldsymbol{w} + b \mid b \in \mathbb{R}, \ \boldsymbol{w} \in \mathbb{R}^d \}$

線形判別器の集合：$\mathcal{H} = \{ \mathrm{sign}(f(\boldsymbol{x})) \mid f(\boldsymbol{x}) \in \mathcal{F} \}$

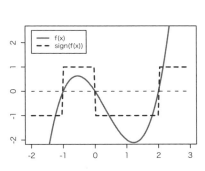
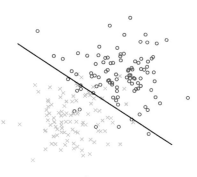

(a) 判別関数 $f(\boldsymbol{x})$ と判別器 $\mathrm{sign}(f(\boldsymbol{x}))$ (b) 線形判別器

図 10.2 判別器の構成．(a) 判別関数 $f(\boldsymbol{x})$ と判別器 $\mathrm{sign}(f(\boldsymbol{x}))$ のプロット．(b) 線形判別器 $h(\boldsymbol{x}) = \mathrm{sign}(\boldsymbol{w}^T \boldsymbol{x} + b)$．データから適切なパラメータ $\boldsymbol{w}, b$ を推定する．

本章で解説するサポートベクトルマシンは，線形判別器を用いてラベルの予測を行います．線形判別器は，カーネル法を用いる判別モデルに一般化できます．この点は，8.5 節のカーネル回帰分析と同じです．

10.2 2値判別のサポートベクトルマシン

サポートベクトルマシン（support vector machine; SVM）は2値判別のための代表的な学習アルゴリズムです．次のような特徴があります．

1. マージン最大化基準による学習：データ点から判別境界までの距離を大きくする．
2. 凸2次計画問題としての定式化：パラメータ推定のために効率的な計算アルゴリズムを利用可能．
3. カーネル関数を使ったモデリング：高い表現力を持つモデルで学習を行う．

以下では，マージン最大化基準を説明し，サポートベクトルマシンのアルゴリズムを導出します．

10.2.1 線形分離可能なデータの学習

2値ラベルを持つデータ

$$(\boldsymbol{x}_1, y_1), \ldots, (\boldsymbol{x}_n, y_n) \quad (\boldsymbol{x}_i \in \mathbb{R}^d,\ y_i \in \{+1, -1\})$$

から，線形判別器を学習することを考えます．線形判別器のモデルを

$$\mathcal{H} = \{\operatorname{sign}(f(\boldsymbol{x})) \mid f(\boldsymbol{x}) = \boldsymbol{w}^T \boldsymbol{x} + b,\ \boldsymbol{w} \in \mathbb{R}^d, b \in \mathbb{R}\}$$

とします．

ある線形判別器 $h(\boldsymbol{x}) = \operatorname{sign}(\boldsymbol{w}^T \boldsymbol{x} + b)$ に対して

$$h(\boldsymbol{x}_i) = y_i \quad (\forall i = 1, \ldots, n)$$

が満たされるとき，その学習データは**線形分離可能**といいます．そのような線形判別器が存在しないとき，学習データは**線形分離不可能**といいます．図 10.3 (a) に線形分離可能なデータ，(b) に線形分離不可能なデータの例を示します．

学習データ $(\boldsymbol{x}_1, y_1), \ldots, (\boldsymbol{x}_n, y_n)$ が判別器 $h(\boldsymbol{x}) = \operatorname{sign}(\boldsymbol{w}^T \boldsymbol{x} + b)$ で線形分離可能なら，次の関係式が成り立ちます．

$$y_i = +1 \implies \boldsymbol{w}^T \boldsymbol{x}_i + b > 0$$

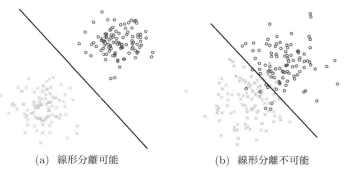

図 10.3 線形判別関数とデータの関係

$$y_i = -1 \implies \boldsymbol{w}^T \boldsymbol{x}_i + b < 0$$

これらをあわせて記述すると

$$y_i(\boldsymbol{w}^T \boldsymbol{x}_i + b) > 0 \quad (i = 1, \ldots, n) \tag{10.1}$$

となります.

一般に, 式 (10.1) を満たす $(\boldsymbol{w}, b)$ は一組だけではありません. その中でどのパラメータが適切かを決める基準として, **マージン最大化基準**が提案されています. マージン最大化基準とは, 正例 ($y = +1$ のデータ) と負例 ($y = -1$ のデータ) の隙間ができるだけ大きくなるように判別器を定める, という基準です (図 10.4).

点 $\boldsymbol{x}_0 \in \mathbb{R}^k$ から判別平面 $\boldsymbol{w}^T \boldsymbol{x} + b = 0$ までの距離は

$$\frac{|\boldsymbol{w}^T \boldsymbol{x}_0 + b|}{\|\boldsymbol{w}\|}$$

で与えられます. よって, マージン最大化基準のもとで, 線形判別関数は以下の最適解として得られます.

$$\max_{\boldsymbol{w}, b} \min_{i=1,\ldots,n} \frac{|\boldsymbol{w}^T \boldsymbol{x}_i + b|}{\|\boldsymbol{w}\|} \quad \text{subject to} \quad y_i(\boldsymbol{w}^T \boldsymbol{x}_i + b) > 0 \quad (i = 1, \ldots, n) \tag{10.2}$$

式 (10.2) では, パラメータ $\boldsymbol{w}, b$ を正の定数倍しても目的関数の値は変わらず, 制約式は満たされています. この点に注意して, 任意のデータ点 $(\boldsymbol{x}_i, y_i)$ に対し

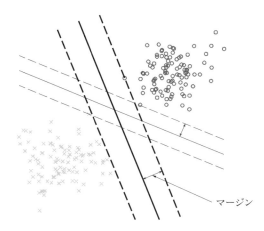

図 10.4 マージン最大化基準．異なるラベルを持つデータ間の "隙間" ができるだけ広くなるようにデータを分ける．

て $y_i(\boldsymbol{w}^T \boldsymbol{x}_i + b) \geq 1$ が成立するようにスケーリングして考えましょう．すると，次の最適化問題を解くことで，式 (10.2) の最適解が得られることが分かります．

$$\min_{\boldsymbol{w} \in \mathbb{R}^d,\, b \in \mathbb{R}} \frac{\|\boldsymbol{w}\|^2}{2} \ \ \text{subject to} \ \ y_i(\boldsymbol{w}^T \boldsymbol{x}_i + b) \geq 1 \ \ (i = 1, \ldots, n) \quad (10.3)$$

式 (10.3) の目的関数はパラメータに関して凸 2 次関数，また，制約式は線形不等式で与えられます．これは凸 2 次計画問題と呼ばれ，効率的な最適化アルゴリズムを用いて解くことができます．最適解を $\widehat{\boldsymbol{w}}, \widehat{b}$ とすると，学習の結果得られる判別器は

$$\widehat{h}(\boldsymbol{x}) = \text{sign}(\widehat{\boldsymbol{w}}^T \boldsymbol{x} + \widehat{b})$$

となります．

■ 10.2.2　線形分離不可能なデータとソフトマージン

データが線形分離可能でないとき，式 (10.2) や式 (10.3) の制約を満たすパラメータ $(\boldsymbol{w}, b)$ は存在しません．データのラベルを線形判別器で完全に分離することは不可能です．このときは，ある程度の誤りを許して判別関数を学習する方針を採用します．

線形判別器を

$$h(\boldsymbol{x}) = \text{sign}(\boldsymbol{w}^T \boldsymbol{x} + b)$$

とし，データ $(\boldsymbol{x}_i, y_i)$ に対して以下のように損失を与えます．

- $y_i(\boldsymbol{w}^T \boldsymbol{x}_i + b) \geq 1$ のとき，データを十分良く識別していると考え，損失を0とする．
- $y_i(\boldsymbol{w}^T \boldsymbol{x}_i + b) < 1$ のとき，データを十分良く識別していないと考え，損失を $1 - y_i(\boldsymbol{w}^T \boldsymbol{x}_i + b)$ (> 0) とする．

以上をまとめると，データ $(\boldsymbol{x}_i, y_i)$ に対する線形判別器 $\text{sign}(\boldsymbol{w}^T \boldsymbol{x} + b)$ の損失は

$$\max\{1 - y_i(\boldsymbol{w}^T \boldsymbol{x}_i + b), 0\}$$

と表せます（図 10.5）．

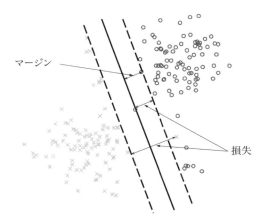

図 10.5　判別境界と損失

ソフトマージンサポートベクトルマシンでは，損失をできるだけ小さくしつつ，マージンの逆数に相当する $\|\boldsymbol{w}\|^2$ をできるだけ小さくするという基準で，判別器を学習します．損失の平均値とマージンの逆数 $\|\boldsymbol{w}\|^2$ の合計を最小化する次の問題を解きます．

$$\min_{\boldsymbol{w} \in \mathbb{R}^d, b \in \mathbb{R}} \frac{C}{n} \sum_{i=1}^{n} \max\{1 - y_i(\boldsymbol{w}^T \boldsymbol{x}_i + b), 0\} + \frac{1}{2}\|\boldsymbol{w}\|^2 \tag{10.4}$$

ここで，$C > 0$ は損失とマージンのバランスを調整する重みで，正則化パラメータの役割を果たします．交差検証法などで C を定めます．この最適解 $\widehat{w}, \widehat{b}$ から判別器 $\widehat{h}(x) = \text{sign}(\widehat{w}^T x + \widehat{b})$ が得られます．図 10.6 に，ソフトマージンサポートベクトルマシンで学習した結果を示します．これは，データが線形分離可能かどうかにかかわらず適用できます．

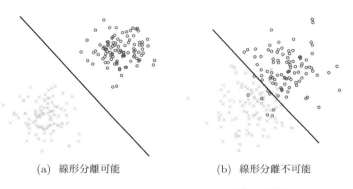

(a) 線形分離可能　　　　　(b) 線形分離不可能

図 10.6　ソフトマージンサポートベクトルマシンで学習した結果．$C = 1$ として学習．(a) 線形分離可能なデータ．(b) 線形分離不可能なデータ．

kernlab パッケージの **ksvm** を使って学習した結果を以下に示します．まず，使い方を表示します．

```
> library(kernlab)            # ksvm, predict などを使う
> ?ksvm
## S4 method for signature 'matrix'
ksvm(x, y = NULL, scaled = TRUE, type = NULL,
  kernel ="rbfdot", kpar = "automatic",
  C = 1, nu = 0.2, epsilon = 0.1, prob.model = FALSE,
  class.weights = NULL, cross = 0, fit = TRUE, cache = 40,
  tol = 0.001, shrinking = TRUE, ...,
  subset, na.action = na.omit)
```

データ行列 x とベクトル y を入力すると，判別関数を返します．線形判別器を使うときは kernel オプションを vanilladot とします．C のデフォルト値は 1 です．その他のオプションのデフォルト値は上記のとおりです．

10.2 2値判別のサポートベクトルマシン

mlbench パッケージの **mlbench.2dnormals** を使って生成したデータに **ksvm** を適用します．

```
> library(mlbench)                        # mlbench.2dnormals を使う
> dat <- mlbench.2dnormals(200,cl=2,sd=1) # 200 個の学習データを生成
> plot(dat)                               # データのプロット
> x <- dat$x; y <- dat$classes            # x：入力の行列，y：ラベルのベクトル
> # 線形判別器 (vanilladot) で学習．結果を linsvm に代入
> linsvm <- ksvm(x,y,type="C-svc",kernel="vanilladot")
> linsvm                                  # 結果を表示
Support Vector Machine object of class "ksvm"
SV type: C-svc  (classification)
parameter : cost C = 1                    # デフォルトは C=1
Linear (vanilla) kernel function.         # 線形判別
Number of Support Vectors : 48
Objective Function Value : -43.6092
Training error : 0.065
```

実行結果の最後の行に，トレーニング誤差は 0.065（6.5%）と出力されています．次に，テスト誤差を評価します．

```
> # テスト誤差の計算のため 1000 個のテストデータを生成
> tdat <- mlbench.2dnormals(1000,cl=2,sd=1)
> tx <- tdat$x; ty <- tdat$classes
> # 学習した線形判別器 linsvm で tx のラベルを予測
> predy <- predict(linsvm,tx)
> predy                                   # 予測ラベルの表示（表示は略）
> mean(predy != ty)                       # テスト誤差（近似値）
[1] 0.082
```

テスト誤差は 0.082（8.2%）となりました．正則化パラメータ C の値を交差検証法などで適切に選べば，テスト誤差はより小さくなる可能性があります．

10.3 カーネルサポートベクトルマシン

線形判別器では複雑なデータに対応できないことがあります．線形判別器ではうまく識別できない例を図 10.7 (a) に示しています．8.5 節のカーネル回帰と同様に，カーネル関数を使ってモデリングすることで，図 10.7 (b) のようにサポートベクトルマシンの表現能力を向上させることができます．

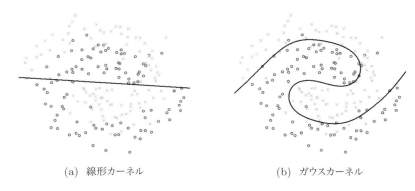

(a) 線形カーネル　　　　(b) ガウスカーネル

図 10.7　らせん状のデータに対する判別

判別関数の学習にカーネル法を適用します．適当な非線形関数 $\phi(\boldsymbol{x})$ を用いて判別関数 $f(\boldsymbol{x})$ を

$$f(\boldsymbol{x}) = \boldsymbol{w}^T \phi(\boldsymbol{x}) + b \tag{10.5}$$

と表し，パラメータ $\boldsymbol{w}, b$ をデータから推定して，判別器を構成します．関数 $k(\boldsymbol{x}, \boldsymbol{x}')$ を

$$k(\boldsymbol{x}, \boldsymbol{x}') = \phi(\boldsymbol{x})^T \phi(\boldsymbol{x}')$$

とおくと，学習に関わるすべての計算は，$k(\boldsymbol{x}, \boldsymbol{x}')$ のみを用いて実行することができます．関数 $k(\boldsymbol{x}, \boldsymbol{x}')$ をカーネル関数と呼び，この一連の手続きをカーネル法と呼びます．8.5 節で紹介したように，代表的なカーネル関数として，線形カーネル，多項式カーネル，ガウスカーネルなどがあります．

データ $(\boldsymbol{x}_i, y_i)$ $(i = 1, \ldots, n)$ が観測されたとします．カーネル回帰と同様に，パラメータ $\boldsymbol{w}$ は $\phi(\boldsymbol{x}_i)$ の線形結合で表せるので，

$$f(\boldsymbol{x}) = \sum_{i=1}^{n} \alpha_i k(\boldsymbol{x}, \boldsymbol{x}_i) + b$$

とおくことができます．パラメータ $\boldsymbol{w}$ の代わりに $\boldsymbol{\alpha} = (\alpha_1, \ldots, \alpha_n)^T$ を用いて判別関数 (10.5) を表現します．これらをソフトマージンサポートベクトルマシンの式 (10.4) に代入すると，次の最適化問題が得られます．

$$\min_{\boldsymbol{\alpha}, b} \frac{C}{n} \sum_{i=1}^{n} \max\{1 - y_i f(\boldsymbol{x}_i), 0\} + \frac{1}{2} \boldsymbol{\alpha}^T K \boldsymbol{\alpha}$$

$$\text{subject to} \quad f(\boldsymbol{x}_i) = \sum_{j=1}^{n} \alpha_j K_{ij} + b \quad (i = 1, \ldots, n)$$

ここで，K は $n \times n$ 行列で，各要素は $K_{ij} = k(\boldsymbol{x}_i, \boldsymbol{x}_j)$ から定まります．線形判別器に対するソフトマージンサポートベクトルマシンと同様に，線形制約のもとで凸 2 次関数を最小化すれば判別器が得られます．

カーネル法を用いたソフトマージンサポートベクトルマシンの数値例を示しましょう．多項式カーネルで次数を 2, 3 とします．

```
> library(kernlab)
> library(mlbench)      # mlbench.spirals を使う
> dat <- mlbench.spirals(300,cycles=1,sd=0.15)    # トレーニングデータ生成
> testdat<-mlbench.spirals(1000,cycles=1,sd=0.15)   # テストデータ生成
>
> # 2次多項式カーネルによる学習
> sv2 <- ksvm(dat$x,dat$c,kernel="polydot",kpar=list(degree=2))
> sv2                                   # 学習結果の表示
 Hyperparameters : degree=2   scale=1   offset=1
 Training error : 0.423333
> mean(predict(sv2,testdat$x)!=testdat$c)       # テスト誤差の計算
[1] 0.436
>
> # 3次多項式カーネルによる学習
> sv3 <- ksvm(dat$x,dat$c,kernel="polydot",kpar=list(degree=3))
> sv3                                   # 学習結果の表示
 Hyperparameters : degree=3   scale=1   offset=1
 Training error : 0.166667
> mean(predict(sv3,testdat$x)!=testdat$c)       # テスト誤差の計算
[1] 0.175
```

多項式カーネルの次数を 2 次から 3 次に上げることで，テスト誤差が大きく減っています．学習した判別器による判別境界を図 10.8 に示します．

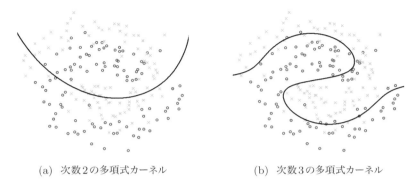

(a) 次数2の多項式カーネル　　　　(b) 次数3の多項式カーネル

図 10.8　多項式カーネルによる判別

10.4　モデルパラメータの選択

ソフトマージンサポートベクトルマシンを用いて判別器を学習するとき，正則化パラメータ C とカーネルに含まれるカーネルパラメータを適切に定める必要があります．正則化パラメータとカーネルパラメータをあわせて，ここではモデルパラメータと呼びます．

- 多項式カーネル：次数 degree と C
- ガウスカーネル：カーネル幅 sigma と C

ガウスカーネルを用いるサポートベクトルマシンに交差検証法を適用して，モデルパラメータを決定します．ksvm の cross オプションで指定した回数が，交差検証法のデータの分割数 K になります．以下で，具体的にデータ行列 x とラベル y を与えれば，10 重交差検証により検証誤差が計算されます．

```
> # 例：x,y にデータを代入して以下を実行
> sv <- ksvm(x,y,cross=10,kernel='rbfdot',kpar=list(sigma=1),C=1)
> cross(sv)        # 検証誤差の出力
```

10.4 モデルパラメータの選択

以下では cross オプションは使わず，明示的に交差検証法のプログラムを示します．

```
# ファイル名 cvsvm.r で保存
library(kernlab)
# モデルパラメータ mpar に対して交差検証法でテスト誤差を推定
# x,y：データ，K：K 重交差検証法
cvsvm <- function(x,y,K=5,kernel="rbfdot",
                  mpar=list(kpar=list(sigma=1),C=1)){
  n <- nrow(x)              # データ数
  # データをランダムに K 分割
  idx <- sample(K,n,replace=TRUE)
  # 交差検証法の並列計算
  cv_error <- foreach(l=1:K,.combine=c,.packages="kernlab")%dopar%{
    # 交差検証法で学習に使うデータ
    cvx <- x[idx!=l,]; cvy <- y[idx!=l]
    sv <- ksvm(cvx,cvy,type="C-svc",kernel=kernel,kpar=mpar$kpar,
               C=mpar$C)
    # 学習に使っていないデータのラベルを予測
    pred <- predict(sv,x[idx==l,])
    # テスト誤差の推定
    mean(pred != y[idx==l])
  }
  mean(cv_error)   # 出力値（検証誤差）
}
```

上で定義した関数 cvsvm の実行結果を示します（図 10.9）．

```
> library(mlbench)                    # パッケージ読み込み
> source('cvsvm.r')                   # プログラム読み込み
> library(doParallel)                 # foreach を使う
> cl <- makeCluster(detectCores())    # クラスタの作成
> registerDoParallel(cl)
> # データ生成
> dat<-mlbench.spirals(200,cycles=1.2,sd=0.16)
> x<-dat$x; y <- dat$classes
> cvK <- 5                            # 5 重交差検証
```

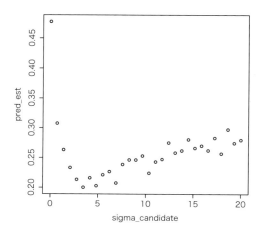

図 10.9　ガウスカーネルを用いた判別器の学習．カーネル幅を交差検証法で決定．

```
> # sigma の候補
> sigma_candidate <- seq(0.01,20,length=30)
> pred_est<-c()
> # 交差検証法で検証誤差を計算
> for(sigma in sigma_candidate){
+   mpar <- list(kpar=list(sigma=sigma),C=1)
+   cv_est <- cvsvm(x,y,K=cvK,kernel='rbfdot',mpar)
+   pred_est <- c(pred_est,cv_est)}
> # 0.01 から 10 の間で最適な sigma
> opt_sigma <- sigma_candidate[which.min(pred_est)]
> opt_sigma                              # cv で選んだ最適な sigma
[1] 3.456552
> # sigma に対する検証誤差のプロット
> plot(sigma_candidate,pred_est,lwd=2)
> stopCluster(cl)
```

図 10.10 に，それぞれのモデルパラメータで学習された判別器の判別境界を示します．交差検証法で適切なモデルパラメータを選ぶことで，テストデータに対して高い予測精度を達成することが分かります．

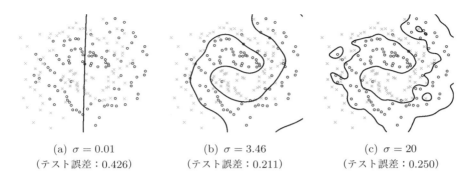

(a) $\sigma = 0.01$
(テスト誤差：0.426)

(b) $\sigma = 3.46$
(テスト誤差：0.211)

(c) $\sigma = 20$
(テスト誤差：0.250)

図 10.10 学習した判別器の判別境界のプロット．モデルパラメータとして $C = 1$，カーネル幅 $\sigma = 0.01, 3.46, 20$ を設定．検証誤差を最小にするのは図 (b) の $\sigma = 3.46$．

10.5　多値判別

本節では，出力 y が 3 種類以上のラベルをとる多値判別の問題を考えます．ラベルを $y \in \mathcal{Y} = \{1, 2, \ldots, G\}$ $(G \geq 3)$ とします．

多値データに対して判別器を学習する方法は，大きく分けて次の二つがあります．

アプローチ 1：多値判別を複数の 2 値判別問題に分割し，それらに 2 値判別の手法を適用する．その結果を統合して予測を行う．

アプローチ 2：多値判別に対するマージンを定義して，多値判別のための判別関数を直接推定する．

ここではアプローチ 1，すなわち 2 値サポートベクトルマシンを組み合せて多値判別のデータを学習する方法について解説します．この方法は，アプローチ 2 と比較して，次のような特徴があります．

- 利点：既存の 2 値判別法が使えるので，実装が簡単
- 欠点：理論的精度保証があまりない

以下，**一対一法**と呼ばれる方法について，トレーニングとテストのアルゴリズムをそれぞれ説明します．

■ トレーニング

1. 多値ラベルの中からラベルを二つ指定します．例えば $1, 2 \in \mathcal{Y}$ とします．
2. $1, 2$ のラベルを持つデータを取り出し，1 を $+1$，2 を -1 のように，2値ラベルを割り当てます．2値サポートベクトルマシンなどを適用し，1 と 2 を識別する判別器を学習します．
3. これをすべてのラベルの組合せについて実行します．$y_1, y_2 \in \mathcal{Y}$ に対して，y_1 を $+1$，y_2 を -1 として学習した2値判別器を $h_{y_1,y_2}(\boldsymbol{x})$ とします．ここで，$h_{y_1,y_2}(\boldsymbol{x}) = -h_{y_2,y_1}(\boldsymbol{x})$ とします．

■ テスト

新たな入力 $\boldsymbol{x}$ に対する多値ラベルを，2値判別器の多数決で定めます．

例えば，図10.11 の×印の点について，各2値判別器で多数決をとると，表10.1 のようになります．この結果，×の予測ラベルは 2（+）と定まります．

表 10.1 図 10.11 中の×印のデータ点のラベル予測

y	1 ($\triangle$)	2 (+)	3 ($\bigcirc$)	スコア
1 ($\triangle$)	—	$h_{1,2} = -1$	$h_{1,3} = -1$	-2
2 (+)	$h_{2,1} = +1$	—	$h_{2,3} = +1$	2
3 ($\bigcirc$)	$h_{3,1} = +1$	$h_{3,2} = -1$	—	0

例として，図10.12 のような多値データの学習を考えます．それぞれのラベルを持つデータは，適当な期待値ベクトルと分散共分散行列を持つ正規分布から生成されています．

Rプログラムを以下に示します．

```
> library(kernlab)          # ksvm を使う
> library(mlbench)          # mlbench.2dnormals を使う
> G <- 8                    # 8クラスの多値判別
> train <- mlbench.2dnormals(500, cl=G,sd=0.8)     # データ
> test  <- mlbench.2dnormals(1000,cl=G,sd=0.8)     # テストデータ
> # 2値の組合せで予測（多値判別に対する ksvm のデフォルト）
> # 線形カーネル
> linsv <- ksvm(train$x,train$classes,kernel='vanilladot')
```

10.5 多値判別　163

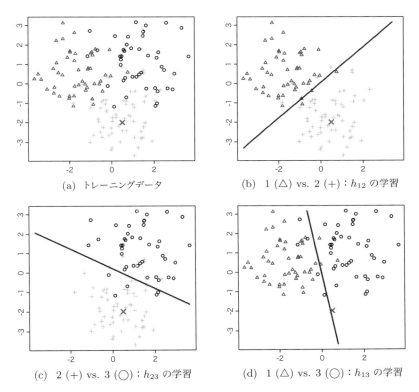

(a) トレーニングデータ　(b) 1 ($\triangle$) vs. 2 (+)：h_{12} の学習

(c) 2 (+) vs. 3 ($\bigcirc$)：h_{23} の学習　(d) 1 ($\triangle$) vs. 3 ($\bigcirc$)：h_{13} の学習

図 10.11　一対一法の学習．(a) トレーニングデータ．(b) ラベル 1 と 2 に対する判別境界．(c) ラベル 2 と 3 に対する判別境界．(d) ラベル 1 と 3 に対する判別境界．

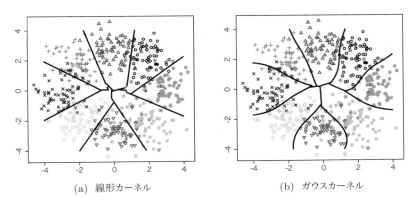

(a) 線形カーネル　(b) ガウスカーネル

図 10.12　多値データの判別．(a) 線形カーネルによる判別境界．(b) ガウスカーネルによる判別境界．

```
> mean(predict(linsv,test$x)!=test$class)                # テスト誤差
[1] 0.177
> # ガウスカーネル
> rbfsv <- ksvm(train$x,train$classes,kernel='rbfdot')
> mean(predict(rbfsv,test$x)!=test$class)                # テスト誤差
[1] 0.181
```

次に，手書き文字のデータを使った例を示します．データは UCI リポジトリから optdigits という名前で提供されています (6.5 節を参照)．データの入力ベクトルは $x \in \mathbb{R}^{64}$，ラベルは $y \in \{0, 1, 2, \ldots, 9\}$ です．それぞれのラベルに対するデータ数は以下のようになっています．

ラベル	0	1	2	3	4	5	6	7	8	9
データ数	376	389	380	389	387	376	377	387	380	382

R による学習アルゴリズムを以下に示します．まずは 2 値判別に線形カーネルを使った場合の結果です．

```
> # 手書き文字認識
> library(kernlab)
> # データ読み込み
> a <- read.table('optdigits.tra',sep=',')
> b <- read.table('optdigits.tes',sep=',')
> x  <- as.matrix(a[,1:64]); y<-as.factor(a[,65])
> tx <- as.matrix(b[,1:64]);ty<-as.factor(b[,65])
> # 線形カーネルで学習
> linsv <- ksvm(x,y,scaled=F,kernel='vanilladot')
 Setting default kernel parameters
> predy <- predict(linsv,tx)       # 予測
> mean(predy!=ty)
[1] 0.03895381                     # テスト誤差 3.89%
```

次に，2 値判別にガウスカーネルを使った場合の結果を示します．カーネル幅 σ は交差検証法ではなく，入力データ $\{x_i\}_{i=1}^n$ 間の距離の中央値を採用するとい

うヒューリスティクスを使って求めます．この計算には kernlab パッケージの関数 **sigest** が使えます．

```
> # ガウスカーネルによる学習
> sigma <- sigest(x,scaled=F)[2]       # カーネル幅を sigest で設定
> sigma                                # σの値
        50%
0.000418235
> # 学習
> gsv <- ksvm(x,y,scaled=F,kernel='rbfdot',kpar=list(sigma=sigma))
> predy <- predict(gsv,tx)             # 予測
> mean(predy!=ty)                      # テスト誤差
[1] 0.02448525
>
> # ガウスカーネルのカーネル幅を変更
> sigma <- 0.01
> gsv <- ksvm(x,y,scaled=F,kernel='rbfdot',kpar=list(sigma=sigma))
> predy <- predict(gsv,tx)             # 予測
> mean(predy!=ty)                      # テスト誤差
[1] 0.2609905
```

ガウスカーネルでは，カーネル幅を適切に設定する必要があることが分かります．テスト誤差は，線形カーネルで 3.89% 程度であるのに対し，ガウスカーネルでカーネル幅を適切に選ぶと 2.45% 程度になります．多値判別に対する交差検証法により，モデルパラメータを適切に設定することができます．

第11章 スパース学習

近年，高次元データを扱うための統計的手法が急速に発展しています．スパース性（重要なものは全体のごく一部という性質）を仮定することで，一見すると不良設定に見える高次元の問題を適切に扱うことができます．本章では，スパース性を利用してデータ解析を行うスパース学習 [19], [20] について紹介します．

本章で使うパッケージ
- glmnet, genlasso, huge：ラッソ関連
- spams：辞書学習
- jpeg, png：画像データ読み込み

11.1 L_1 正則化とスパース性

観測技術の高度化に伴い，さまざまな科学分野で高次元データを取得することが可能になってきました．例えばバイオ分野では，多くの種類の遺伝子がどのくらい発現しているかを，比較的容易に計測することができます．人の遺伝子数は膨大なので，データ数 n より次元 d のほうが大きい状況になります．着目している疾患に影響する少数の遺伝子を特定するためには，スパース学習が有効です．ここでは，スパース学習の代表的方法であるラッソ（lasso）について説明します．

次の回帰分析の問題を考えます．

$$y_i = \boldsymbol{\beta}^T \boldsymbol{x}_i + \varepsilon_i \quad (i = 1, \ldots, n)$$

ここで，$\boldsymbol{\beta}, \boldsymbol{x}_i \in \mathbb{R}^d$ であり，ε_i は観測誤差です．推定したいパラメータは

$\boldsymbol{\beta} = (\beta_1, \ldots, \beta_d) \in \mathbb{R}^d$ です．データ数 n と次元 d に対して，必ずしも $d < n$ は成立しないとします．このとき最小 2 乗法は解が一意に定まりません．また，真のパラメータ $\beta_1, \ldots, \beta_d$ の中で，非ゼロの成分の数は非常に少ないとします．例えば $d = 100$ として，そのうち非ゼロ成分は 10 個程度とします．仮に $\beta_1, \ldots, \beta_{10}$ は非ゼロ，$\beta_{11}, \ldots, \beta_{100}$ はゼロと分かっているとします．このとき，データ $\boldsymbol{x}_i$ の第 1 成分から第 10 成分までを用いる線形回帰モデルで推定を行うと，$n > 10$ ならパラメータを最小 2 乗法で推定することができます．

通常，パラメータがゼロである要素がどれかは，事前には分かりません．このようなときは，データ $\boldsymbol{x}_i$ の要素 $\boldsymbol{x}_i = (x_{i1}, \ldots, x_{id})$ の中から，応答変数 y_i に影響している変数を選択します．例えば，非ゼロのパラメータは多くても s 個であることが分かっている場合，最小 2 乗法に非ゼロパラメータの個数に関する制約を付けて

$$\min_{\boldsymbol{\beta}} \sum_{i=1}^{n}(y_i - \boldsymbol{\beta}^T \boldsymbol{x}_i)^2 \quad \text{subject to } \|\boldsymbol{\beta}\|_0 \leq s$$

を解けばよさそうです．ここで，$\|\boldsymbol{\beta}\|_0$ は $\boldsymbol{\beta} = (\beta_1, \ldots, \beta_d)$ の中で非ゼロ成分の個数を意味し，L_0 ノルムと呼ばれています[*1]．例えば $\boldsymbol{\beta} = (0, 0.1, -3, 0, 0, 0)$ なら $\|\boldsymbol{\beta}\|_0 = 2$ です．しかし，この制約式を満たす非ゼロ要素の組合せを列挙すると膨大になる可能性があり，扱いが困難です．そこで，計算量を軽減するために，$\|\boldsymbol{\beta}\|_0$ を L_1 ノルム

$$\|\boldsymbol{\beta}\|_1 = \sum_{k=1}^{d} |\beta_k|$$

に置き換えます．L_1 ノルムは，L_0 ノルムを最も良く近似する凸関数であることが知られています．特徴量を選択しながらパラメータを推定するために，

$$\min_{\boldsymbol{\beta}} \sum_{i=1}^{n}(y_i - \boldsymbol{\beta}^T \boldsymbol{x}_i)^2 \quad \text{subject to } \|\boldsymbol{\beta}\|_1 \leq s$$

を解きます．条件式を関数のほうに組み込むと，正則化パラメータを λ として

$$\min_{\boldsymbol{\beta}} \sum_{i=1}^{n}(y_i - \boldsymbol{\beta}^T \boldsymbol{x}_i)^2 + \lambda \|\boldsymbol{\beta}\|_1$$

[*1] ノルムの定義は満たしませんが，便宜上，ノルムと呼びます．

11.1 L_1 正則化とスパース性

と等価になります．これで回帰パラメータ β を推定する方法を，ラッソ（lasso）と呼びます．この最適化問題はパラメータ β に関して凸関数になっているので，効率的に最適解を求めることができます．L_1 ノルムは微分できない関数ですが，さまざまな最適化法が発展しています．

L_1 ノルムを用いると，スパースな（ゼロ成分が多い）推定量が得られます．正則化学習で登場したリッジ回帰では，L_1 ノルムではなく L_2 ノルム（の 2 乗）$\|\boldsymbol{\beta}\|_2^2 = \sum_{k=1}^d \beta_k^2$ を 2 乗損失に加えました．これらの違いを示すために，次の関数 $\mathrm{loss}_1(\beta)$, $\mathrm{loss}_2(\beta)$ のプロットを図 11.1 に示します．

$$\mathrm{loss}_1(\beta) = \frac{1}{2}(1-\beta)^2 + \lambda|\beta|$$
$$\mathrm{loss}_2(\beta) = \frac{1}{2}(1-\beta)^2 + \frac{\lambda}{2}\beta^2$$

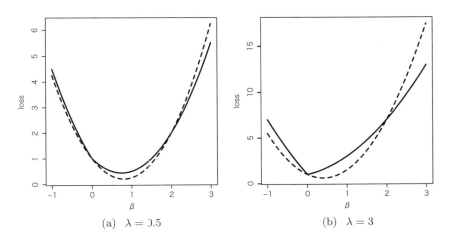

(a) $\lambda = 0.5$　　　(b) $\lambda = 3$

図 11.1　関数 $\mathrm{loss}_1(\beta)$（実線）と $\mathrm{loss}_2(\beta)$（破線）のプロット

図から分かるように，リッジ（L_2 正則化）は最小になる点がぴったり $\beta = 0$ になることは，ありません．一方，ラッソ（L_1 正則化）では，λ が大きいと $\beta = 0$ で最小になります．L_1 ノルムが原点で微分不可能で関数の傾きが不連続に変わることから，このような違いが生じます．

回帰パラメータ推定の簡単な例を示します．パッケージは glmnet を使用します．パラメータ $\boldsymbol{\beta} \in \mathbb{R}^d$ は最初の s 要素は 1，他は 0 と設定します．関

数 `glmnet` のオプション `alpha` の値を設定すると，正則化項として

$$\sum_{i=1}^{d}\left[\frac{1-\alpha}{2}\beta_i^2 + \alpha|\beta_i|\right] \tag{11.1}$$

が使われます．ここでは `alpha` を 1（ラッソ）または 0（リッジ）とします．

```
> library(glmnet)
> n <- 30                         # データ数
> d <- 50                         # パラメータの次元
> s <- 10                         # パラメータの非ゼロ要素数
> # データ生成
> beta <- c(rep(1,s),rep(0,d-s))
> X <- matrix(rnorm(n*d),n)
> y <- X %*% beta + rnorm(n,sd=0.01)
> la <- glmnet(X,y,alpha=1)       # ラッソ
> ri <- glmnet(X,y,alpha=0)       # リッジ
```

それぞれの推定量で得られたパラメータの値を，$\beta_1,\dots,\beta_d$ の順にプロットします．真の値は $\beta_1 = \cdots = \beta_{10} = 1$, $\beta_{11} = \cdots = \beta_{50} = 0$ です．

```
> # プロット
> plot(la$b[1:d,ncol(la$b)],lwd=2,type='h')      # ラッソ
> plot(ri$b[1:d,ncol(ri$b)],lwd=2,type='h')      # リッジ
```

結果は図 11.2 のようになります．正則化パラメータは，ラッソが $\lambda = 0.02$，リッジが $\lambda = 14.52$ の場合を示しています．ラッソ回帰では，$\beta_{11},\dots,\beta_{50}$ がほとんど 0 になっています．一方，リッジ回帰では，すべてのパラメータを用いて線形回帰モデルをデータにフィッティングさせようとしています．すべてのパラメータが非ゼロであり，個々のパラメータの絶対値は大きくても 0.3 程度になっています．

正則化パラメータを徐々に変えたときに，推定値がどのように変化するかを図示することもできます．これは，パス追跡と呼ばれる方法で効率的に計算できます．このようなプロットは，正則化パラメータの選択に役立ちます．

11.1 L_1 正則化とスパース性

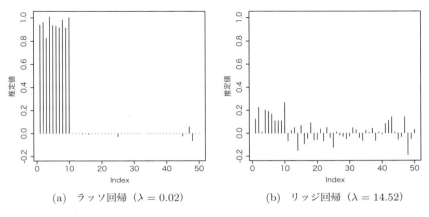

(a) ラッソ回帰（$\lambda = 0.02$）   (b) リッジ回帰（$\lambda = 14.52$）

図 11.2 推定されたパラメータの値

```
> # パスのプロット
> plot(la)        # ラッソ
> plot(ri)        # リッジ
```

図 11.3 に結果を示します．横軸は推定パラメータの L_1 ノルムを示しています．ノルムが大きいほど λ は小さいので，横軸の右側ほど λ の値は小さくなっています．

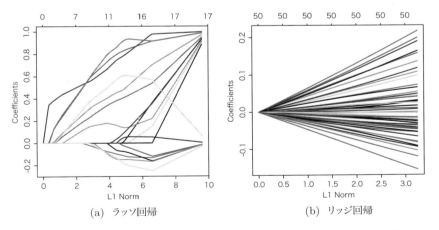

(a) ラッソ回帰   (b) リッジ回帰

図 11.3 パス追跡のプロット．横軸は推定パラメータの L_1 ノルム，縦軸は推定値の各要素の値，グラフ上部の目盛りは非ゼロ要素の数．

リッジ回帰では，すべてのパラメータの値（の絶対値）が徐々に大きくなっています．一方，ラッソでは，λ を変化させると，非ゼロの値をとる要素は区分線形的に値が変化していきます．他の多くのパラメータは 0 のままです．

L_1 正則化を回帰問題に適用することで，多くの要素が 0 になるような回帰係数を推定することができます．したがって，L_1 正則化による変数選択が可能になります．

11.2　L_1 正則化による学習

本節では，L_1 ノルムによる正則化（L_1 正則化）に関連する話題を紹介します．

■ 11.2.1　エラスティックネット

L_1 正則化では，正則化項に現れる絶対値関数の性質上，リッジなどの L_2 正則化と比べて，ゼロ付近の回帰係数をゼロ方向に強く引っ張る傾向があります．そのため，ラッソによる回帰関数の予測精度はあまり高くないと指摘されています．

そこで，L_1 正則化と L_2 正則化を混合した正則化項が用いられることがあります．これは**エラスティックネット**（elastic net）と呼ばれています．エラスティックネットの正則化項は式 (11.1) で与えられます．α が $0 \leq \alpha < 1$ のとき，正則化項は $\beta_i = 0$ で微分不可能です．このため，$\beta_i = 0$ になりやすくなります．一方 $\alpha > 0$ なら，原点の近くでは L_1 正則化ほど強く原点方向に引っ張られません．これと関連して，ラッソでは，$d > n$ のとき推定パラメータの非ゼロ要素は n を超えることはありませんが，一般のエラスティックネットでは，非ゼロ要素の数が n より大きくなることもあります[*2]．特徴量を多めに確保しておきたい状況では，ラッソよりエラスティックネットが適しています．

ラッソとエラスティックネットのそれぞれで推定したパラメータの非ゼロ要素数を比較してみましょう．

[*2] 非ゼロ要素については，ラッソやエラスティックネットの最小化問題に対する最適性条件（Karush-Kuhn-Tucker（KKT）条件）を詳しく調べることで，理論的に導出できます．

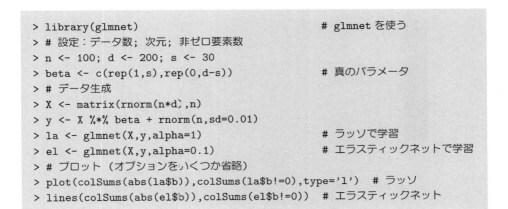

プロットの結果を図 11.4 に示します．横軸は推定量の L_1 ノルム，縦軸は 200 次元推定パラメータの非ゼロ要素数です．エラスティックネットのほうが非ゼロ要素数が多いことが分かります．

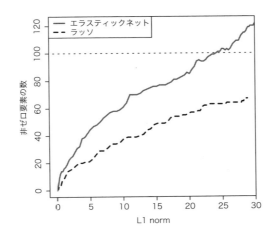

図 11.4　ラッソとエラスティックネットの非ゼロ要素数

適当な λ に対して，ラッソとエラスティックネットで推定されたパラメータを図 11.5 にプロットします．エラスティックネットにおける非ゼロ要素はラッソの非ゼロ要素を包含しています．

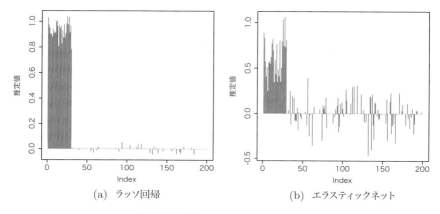

(a) ラッソ回帰　　(b) エラスティックネット

図 11.5　推定されたパラメータの値

■ 11.2.2　フューズドラッソ

L_1 正則化では解にゼロが多く含まれるという性質を利用すると，変数選択以外にもさまざまな用途に L_1 正則化を利用することができます．例えば時間的に変化する値の推定を考えましょう．関数値はしばらく一定の値をとり，ときどきある時点でジャンプするとします．このような関数の推定にも L_1 正則化は役立ちます．時刻 t での観測値を y_t とし，

$$y_t = \beta_t + \varepsilon_t \quad (t = 1, \ldots, T)$$

とモデリングします．ここで，ε_t は観測ノイズです．図 11.6 (a) に示すように，β_t はある区間上で一定値をとるとします．

隣り合う時刻で β_t の値が変わりにくいという性質を，正則化項

$$|\beta_{t+1} - \beta_t| \quad (t = 1, \ldots, T-1)$$

を導入することで表現します．データ y_t へのフィッティングと制約 $\beta_{t+1} - \beta_t = 0$ をできるだけ両立する β_t が推定されます．L_1 正則化を用いることで，ぴったり $\beta_{t+1} - \beta_t = 0$ を満たす推定パラメータを得ることができます．もし，L_1 正則化の代わりに L_2 正則化項を導入すると，ぴったり 0 にすることはできません．このように $|\beta_{t+1} - \beta_t|$ というタイプの正則化項を導入する推定法を，**フューズドラッソ**（fused lasso）といいます．フィッティングの誤差を 2 乗誤差で測るな

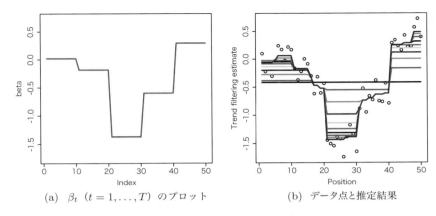

(a) β_t $(t=1,\ldots,T)$ のプロット (b) データ点と推定結果

図 11.6 フューズドラッソによる推定. (a) β_t $(t=1,\ldots,T)$ のプロット. (b) データ点とフューズドラッソによる推定結果のプロット.

ら，次の最適化問題を解いて推定パラメータを求めることになります．

$$\min_{\beta_1,\ldots,\beta_T} \frac{1}{2}\sum_{t=1}^{T}(y_t - \beta_t)^2 + \lambda \sum_{t=1}^{T-1} |\beta_{t+1} - \beta_t|$$

パッケージ genlasso の **fusedlasso1d** を用いると，フューズドラッソによる推定を行えます．パス追跡により，正則化パラメータを連続的に変化させたときの解を次々に求めていきます．

```
> library(genlasso)         # fusedlasso1d を使う
> # データ生成
> beta <- rnorm(5)%x%rep(1,10)
> y <- beta+rnorm(50,sd=0.2)
> res <- fusedlasso1d(y)    # フューズドラッソによる推定
> # プロット
> plot(res)
```

図 11.6 (b) は，推定結果のプロットです．正則化パラメータ λ を変えたときのフィッティングを折れ線で示しています．L_1 正則化により，変化点を検出できます．

入力が 2 次元（以上）のときはグリッド状の近傍関係を定義し，これから隣接

点を定めます．点 $s, t \in \mathbb{R}^2$ における値を $\beta_s, \beta_t \in \mathbb{R}$ とします．点 s, t が隣接しているなら，$|\beta_s - \beta_t|$ を正則化項として加えます．

関数 **fusedlasso2d** を使うと，適当な範囲の正則化パラメータに対して，パス追跡による 2 次元版フューズドラッソの結果が得られます．例を示しましょう．ノイズを加えた R のロゴ[*3]（図 11.7）に，フューズドラッソを適用します．

(a) 元の画像　　(b) ノイズを加えた観測画像

図 11.7　実験に用いた画像（©2016 The R Foundation）

```
> library(genlasso)                                # fusedlasso2d を使う
> library(jpeg)                                    # readPNG を使う
> imgy <- readJPEG("Rlogo.jpg")                    # 画像データ読み込み
> z <- y <- t(apply(imgy[,,3],2,rev))              # y：元画像
> i <- sample(prod(dim(y)),round(prod(dim(y))/5))  # ノイズの位置
> z[i] <- pmin(pmax(z[i] + rnorm(length(i),sd=0.2),0),1) # z：観測画像
> image(y,col=gray((0:32)/32))                     # 元画像のプロット
> image(z,col=gray((0:32)/32))                     # 観測画像のプロット
> # フューズドラッソ（表示は略）
> system.time(                                     # 計算時間を計測
+             res <- fusedlasso2d(z,maxsteps=Inf,verbose=T))
   ユーザ      システム        経過
  4910.498      6.012       4919.393
> length(res$lambda)         # パス追跡で計算した正則化パラメータの個数
[1] 22711
> # 学習結果の例をプロット
> image(matrix(res$beta[,12000],nrow(y)),col=gray((0:32)/32))
> res$lambda[12000]                   # このときの正則化パラメータの値
[1] 0.1012755
```

[*3] https://www.r-project.org/Rlogo.jpg

図 11.8 に結果を示します．正則化パラメータの値が小さいとデータへのフィッティングが重視されるため，推定結果は観測画像に近くなっています．この例では，λ が 2.33×10^{-5} 以下のとき，学習結果は観測画像に一致します．一方，正則化パラメータの値が大きいと，正則化の効果が出てきて推定結果は広い範囲で一定の値をとっています．

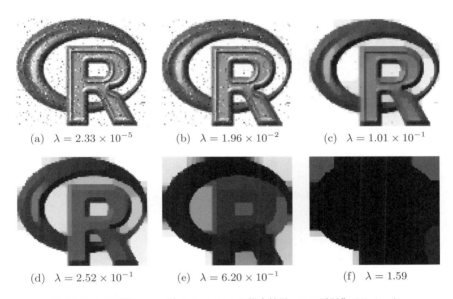

(a) $\lambda = 2.33 \times 10^{-5}$　　(b) $\lambda = 1.96 \times 10^{-2}$　　(c) $\lambda = 1.01 \times 10^{-1}$

(d) $\lambda = 2.52 \times 10^{-1}$　　(e) $\lambda = 6.20 \times 10^{-1}$　　(f) $\lambda = 1.59$

図 11.8 2 次元版フューズドラッソによる推定結果．λ は正則化パラメータ．

11.3　スパースロジスティック回帰

L_1 正則化は，回帰分析だけでなく判別問題の特徴量選択にも利用できます．データ $(\boldsymbol{x}_1, y_1), \ldots, (\boldsymbol{x}_n, y_n)$ が観測されたとします．ここで，$\boldsymbol{x}_i \in \mathbb{R}^d$ ($y_i \in \{0,1\}$) とします．ロジスティック回帰を用いて $\boldsymbol{x}$ から y を予測します．ラベル y が 1 となる確率は，$a_0 + \boldsymbol{x}^T \boldsymbol{\beta}$ の値から

$$\Pr(y = 1) = \frac{1}{1 + e^{-(a_0 + \boldsymbol{x}^T \boldsymbol{\beta})}}$$

のように定まると仮定します．通常は対数損失を最小化してパラメータ $a_0, \boldsymbol{\beta}$ を推定します．ここでは，係数 $\boldsymbol{\beta} = (\beta_1, \ldots, \beta_d)$ がゼロ成分を多く持つように，L_1

正則化を加えて最小化します．

$$\min_{a_0,\boldsymbol{\beta}} \sum_{i=1}^{n} \log(1 + e^{-y_i(a_0+\boldsymbol{x}_i^T\boldsymbol{\beta})}) + \lambda\|\boldsymbol{\beta}\|_1$$

このようにして判別関数を推定する方法を，**スパースロジスティック回帰**と呼びます．通常のラッソと同様に，最小化する関数はパラメータに関して凸関数です．微分不可能な L_1 正則化をうまく扱う最適化法が発展しているので，推定パラメータを効率的に計算できます．

簡単な例を示しましょう．回帰関数を推定する場合と同じ線形式を利用して，2値ラベルを生成し，スパースロジスティック回帰でパラメータを推定します．

```
> library(glmnet)                                  # glmnet を使う
> # 設定：データ数，次元，非ゼロ要素数
> n <- 100; d <- 200; s <- 30
> # パラメータ設定
> theta <- c(rep(1,s),rep(0,d-s))
> # データ生成
> X <- matrix(rnorm(n*d),n)
> y <- X%*%theta+rnorm(n,sd=0.001)>=0
> # パラメータ推定
> la <- glmnet(X,y,family='binomial',alpha=1)      # L1 正則化
> ri <- glmnet(X,y,family='binomial',alpha=0)      # L2 正則化
```

適当な λ における推定パラメータのプロットを図 11.9 に示します．

```
> # プロット：いくつかのオプションは省略
> plot(la$b[1:d,ncol(la$b)],type='h')              # L1 正則化
> plot(ri$b[1:d,ncol(ri$b)],type='h')              # L2 正則化
```

L_1 正則化を加えたスパースロジスティック回帰では，多くのパラメータが厳密に 0 になっています．一方，L_2 正則化を用いたロジスティック回帰では，すべてのパラメータが非ゼロの値をとっています．線形回帰の場合と同様に，正則化パラメータを変化させたときの推定パラメータの正則化パスをプロットすることもできます（図 11.10）．ロジスティック損失を用いているため，正則化パスは

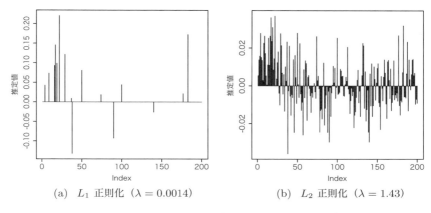

(a) L_1 正則化（$\lambda = 0.0014$）　　(b) L_2 正則化（$\lambda = 1.43$）

図 11.9　ロジスティック回帰モデルのパラメータ推定

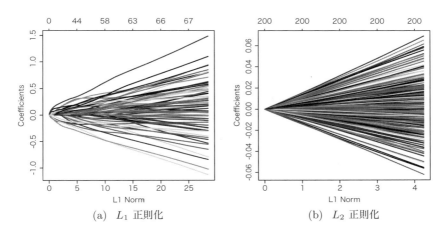

(a) L_1 正則化　　(b) L_2 正則化

図 11.10　ロジスティック回帰におけるパス追跡のプロット．横軸は推定パラメータの L_1 ノルム，縦軸は推定値の各要素の値，グラフ上部の目盛りは非ゼロ要素の数．

曲線状になり，厳密に求めることはできませんが，推定パラメータのおおよその挙動を把握できます．

11.4 条件付き独立性とスパース学習

多数の変数の間の依存関係を推定するために，L_1 正則化の考え方を応用することができます．多次元確率変数 $X = (X_1, \ldots, X_d)$ が，期待値 $\mathbf{0}$，分散共分散行列 $\Sigma = (\sigma_{ij})$ の正規分布 $N_d(\mathbf{0}, \Sigma)$ に従うとします．Σ の逆行列 $\Lambda = \Sigma^{-1} = (\lambda_{ij})$ を精度行列といいます．本節では精度行列の推定に着目します．

変数 X_i, X_j の間の関係の強さは，共分散 σ_{ij} や相関係数 $\sigma_{ij}/\sqrt{\sigma_{ii}\sigma_{jj}}$ で測れます．これらは X_i, X_j の間の関連の強さを，他の変数からの影響も含めて測っています．一方，行列 Λ は，他の変数からの影響を除いて（すなわち X_i, X_j 以外の変数の条件のもとで），X_i, X_j の間の関連の強さを測るものです．例えば $\lambda_{ij} = 0$ は，他の変数からの影響を除いたとき，X_i, X_j は独立（条件付き独立）であることを意味します．

条件付き独立性の例を示します．3次元確率変数 $X = (X_1, X_2, X_3)$ が正規分布に従うとします．もし $\lambda_{12} = 0$ なら，X_3 の値を固定すると，(X_1, X_2) の条件付き分布は図 11.11 (a) のようになります．各クラスタがそれぞれ異なる X_3 の値に対応します．それぞれのクラスタでデータ点の分布には相関がないように見えます．一方，$\lambda_{12} \neq 0$ のとき，X_3 の値に対応する各クラスタで，データ点は負の相関があるように斜め方向に分布しているように見えます（図 11.11 (b)）．

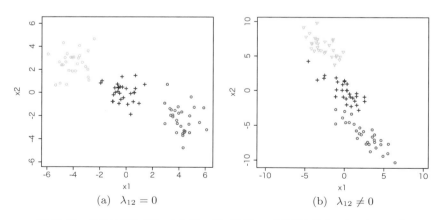

図 11.11　条件付き独立性．(a) X_1, X_2 が X_3 の条件付き独立であるときのプロット．(b) X_1, X_2 が X_3 の条件付き独立でないときのプロット．

実際，この例では，条件付き分布の相関係数はおよそ -0.7 になっています．

なお，(X_1, X_2) の周辺分布は，条件である X_3 の値をいろいろ変えたときに得られるデータの散布図を重ね合わせたものです．したがって，条件付き独立であっても，周辺分布から計算される（通常の）共分散は，非ゼロになることもあります．逆に条件付き独立でない場合でも，共分散はゼロになることも，理論上はあり得ます．

上記のように，条件付き独立性は，精度行列 Λ と直接関連します．多くの変数のペアが条件付き独立性を満たすと仮定し，そのときの Λ を推定することを考えましょう．多くの λ_{ij} は 0 になっていると仮定しているので，L_1 正則化を適用できます．

条件付き独立性の関係を無向グラフで表すことができます．変数 $X_1, \ldots, X_n$ を頂点とするグラフを考えましょう．もし $\lambda_{ij} \neq 0$ なら X_i と X_j を無向辺で結びます．グラフの連結性などの性質と，二つ以上の確率変数の条件付き独立性などの統計的な性質が対応します [21]．辺の数は最大で頂点の 2 乗のオーダー程度ありますが，実際に張られている辺はそれよりずっと少ないとします．このときグラフは，辺の数が少ないという意味でスパースと言えます．データからスパースな精度行列 Λ を推定する方法は，**グラフィカルラッソ**と呼ばれています．

データの分布に正規分布を仮定し，精度行列を推定する方法を紹介しましょう．データ $\boldsymbol{x}_1, \ldots, \boldsymbol{x}_n \in \mathbb{R}^d$ が観測されたとします．期待値は $\boldsymbol{0}$ と仮定し，必要なら標本平均を各データから引いておきます．標本から計算される分散共分散行列を

$$S = \frac{1}{n} \sum_{i=1}^n \boldsymbol{x}_i \boldsymbol{x}_i^T$$

とします．多変量正規分布から定まる対数損失は，パラメータを $\Lambda = \Sigma^{-1}$ とすると，

$$\text{対数損失} = \text{Tr} S\Lambda - \log \det \Lambda$$

となります（定数は省略）．これに L_1 正則化項 $\|\Lambda\|_1 = \sum_{i,j} |\lambda_{ij}|$ を加えた関数を最小化します．

$$\min_{\Lambda} \text{Tr} S\Lambda - \log \det \Lambda + \lambda \|\Lambda\|_1$$

この問題の最適解として，スパースな精度行列を得ることができます．

パッケージ huge の **huge** を用いると，グラフィカルラッソによる推定を行えます．まず，データを生成します．

```
> library(huge)                    # huge, huge.generator を使う
> n <- 100; d <- 5                 # 設定：データ数，次元
> x <- huge.generator(n,d,p=0.5)   # 人工データ生成，p は辺を生成する確率
> x$sparsity                       # 生成した精度行列のスパース度
[1] 0.4
> x$theta                          # 精度行列のパターン
5 x 5 sparse Matrix of class "dsCMatrix"
[1,] . 1 . 1 1
[2,] 1 . . . 1
[3,] . . . . .
[4,] 1 . . . .
[5,] 1 1 . . .
```

次元を大きくしてデータを生成し，グラフィカルラッソで精度行列を推定します．結果を変数 res に代入します．**plot** を使うと，図 11.12 のように推定結果が分かりやすくプロットされます．

```
> n <- 1000; d <- 20                # 設定：データ数，次元
> x <- huge.generator(n,d,p=0.05)   # 人工データ生成，p は辺を生成する確率
> res <- huge(x$data)               # グラフィカルラッソによる推定
> plot(res)                         # 結果をプロット
```

図 11.12 (a) は，正則化パラメータと，精度行列の非ゼロ要素の割合との関係を示しています．図 (b) では，いくつかの正則化パラメータを選んで，精度行列から定まる変数間の関係をグラフ表示しています．

huge パッケージに株式データ stockdata（S&P 500 の 2003〜2008 年）が提供されているので，これにグラフィカルラッソを適用してみましょう．データ数は 1258（取引日数），次元は 452（銘柄数）です．

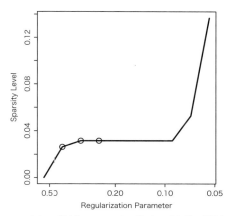

(a) 正則化パラメータと非ゼロ要素数の関係

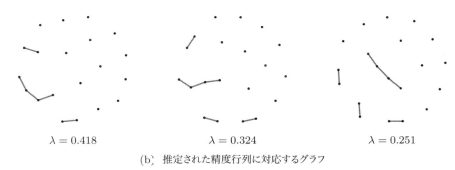

(b) 推定された精度行列に対応するグラフ

図 11.12　20 次元の人工データにグラフィカルラッソを適用した結果

```
> data(stockdata)              # データ読み込み
> dim(stockdata$data)           # データのサイズ
[1] 1258  452
```

精度行列を推定し，結果をプロットします（図 11.13）．

```
> res <- huge(stockdata$data)
> plot(res)
```

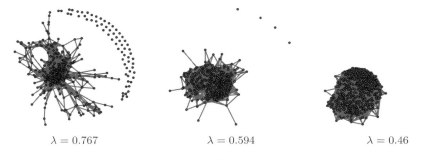

$\lambda = 0.767$　　　　　$\lambda = 0.594$　　　　　$\lambda = 0.46$

図 11.13　stockdata から推定した精度行列 Λ のパターン

　精度行列は，他の要素が同じであるとき，着目している変数同士がどのような関係にあるかを表します．解釈が難しい場合があるので，結果を応用するときには注意が必要です．

11.5　辞書学習

　スパース性とクラスタリングの類似性に着目して，データから特徴抽出を行う方法が辞書学習です．これについて簡単に解説します．

　特徴抽出を次の符号化・復号化のプロセスとしてモデリングします．

符号化：　$x \in \mathbb{R}^d \longmapsto y = \phi(x) \in \mathbb{R}^k$

復号化：　$y \in \mathbb{R}^k \longmapsto \psi(y) \in \mathbb{R}^d$

元のデータ x と $\psi(\phi(x))$ の間の誤差が小さくなるように関数 ϕ, ψ を設計します．回帰分析や判別分析の前処理として，特徴抽出がよく使われます．教師ありデータのほかに教師なしデータが大量に得られている状況で特に有効です．教師なしデータを使って適切に特徴抽出を行うことで，教師ありデータだけを使うより高い予測精度を達成できることが，機械学習のさまざまなタスクで確認されています．

　具体的に符号化 $\phi(x)$ と復号化 $\psi(y)$ を定める方法として，5 章で紹介した主成分分析や 9 章のクラスタリングなどがあります．本節ではクラスタリングにおける k 平均法のスパース性に基づいて，辞書学習を導出します．

　データ $x_1, \ldots, x_n \in \mathbb{R}^d$ が得られているとしましょう．k 平均法でデータを k

グループに分けるとします．各グループを k 次元ベクトル

$$\bm{e}_1 = (1, 0, \ldots, 0)^T, \bm{e}_2 = (0, 1, 0, \ldots, 0)^T, \ldots, \bm{e}_k = (0, \ldots, 0, 1)^T \in \mathbb{R}^k$$

に対応させます．データ $\bm{x}$ の空間で，各グループの中心ベクトルを $\bm{d}_\ell \in \mathbb{R}^d$ ($\ell = 1, \ldots, k$) とし，$d \times k$ 行列 D を

$$D = \begin{pmatrix} \bm{d}_1 & \cdots & \bm{d}_k \end{pmatrix}$$

とします．この行列を**辞書**といいます．このとき，ℓ 番目のグループに割り当てられたデータ $\bm{x}$ の符号化は $\phi(\bm{x}) = \bm{e}_\ell$，復号化は $\psi(\bm{e}_\ell) = D\bm{e}_\ell = \bm{d}_\ell$ となります．k 平均法では，符号化，復号化をこのように定めたときの2乗誤差が最小になるように，データをグループ分けします．最適化問題として定式化すると，次の問題を解けばよいことになります．

$$\min_{D, \bm{\alpha}_1, \ldots, \bm{\alpha}_n} \sum_i \frac{1}{2} \|\bm{x}_i - D\bm{\alpha}_i\|^2 \quad \text{subject to} \quad \bm{\alpha}_i \in \{\bm{e}_1, \ldots, \bm{e}_k\} \quad (11.2)$$

ベクトル $\bm{\alpha}_i$ が $\bm{x}_i$ のグループに対応し，行列 D が中心ベクトルを与えます．9.1 節で考えた損失と表現は異なりますが，同じものです．問題 (11.2) における $\bm{\alpha}_i$ に対する制約条件は，L_0 ノルムなどを使って

$$\|\bm{\alpha}_i\|_0 = 1, \quad \bm{1}^T \bm{\alpha}_i = 1 \quad (\bm{1} = (1, \ldots, 1)^T)$$

を満たすベクトルとして表せます．

k 平均法より柔軟なクラスタリングを実現するため，ベクトル $\bm{\alpha}_i$ の条件を緩めます．特徴抽出はデータのグループ分けに対応すると考えて，L_0 ノルムによる制約を重視し，他の制約は除きます．一般に複数個のグループに属してもよいとして，$s > 0$ に対して

$$\min_{D, \bm{\alpha}_1, \ldots, \bm{\alpha}_n} \sum_i \frac{1}{2} \|\bm{x}_i - D\bm{\alpha}_i\|^2 \quad \text{subject to} \quad \|\bm{\alpha}_i\|_0 \leq s$$

とします．変数 $\bm{\alpha}_i$ に対する条件 $\bm{1}^T \bm{\alpha}_i = 1$ を除く代わりに，D の各列ベクトル $\bm{d}_1, \ldots, \bm{d}_k$ の L_2 ノルムを 1 に制約します．これにより，掛け算 $D\bm{\alpha}_i$ で D と $\bm{\alpha}_i$ のスケールが定まらない問題を回避します．さらに，ラッソで考えたように，L_0 ノルムを L_1 ノルムに置き換えることで，問題を解きやすくします．

結局，k 平均法から出発し，次の最適化問題に到達しました．

$$\min_{D,\boldsymbol{\alpha}_1,\ldots,\boldsymbol{\alpha}_n} \sum_{i=1}^{n} \left\{ \frac{1}{2} \|\boldsymbol{x}_i - D\boldsymbol{\alpha}_i\|^2 + \lambda \|\boldsymbol{\alpha}_i\|_1 \right\} \tag{11.3}$$

subject to D の各列の L_2 ノルムは 1

これを解くことで，さまざまなデータ $\boldsymbol{x}_1,\ldots,\boldsymbol{x}_n$ から，その基本的な構成要素となる辞書 D と各データ $\boldsymbol{x}_i$ の特徴 $D\boldsymbol{\alpha}_i$ を学習することができます．このような学習の枠組みを**辞書学習**といいます．

問題 (11.3) の目的関数は，D を固定すれば $\boldsymbol{\alpha}_1,\ldots,\boldsymbol{\alpha}_n$ について凸関数です．しかし，D も含めると非凸関数です．このため，大域的な最適解が得られるとは限らないことに注意してください．非凸関数を最適化するために，実用的な計算アルゴリズムが提案されています．

図 11.14 に，2 次元データのクラスタリングの結果を示します．$k = 12$ に対する k 平均法による中心ベクトルを×，辞書学習で得られた $\boldsymbol{d}_1,\ldots,\boldsymbol{d}_k$ を◇で表示しています．辞書の各列は規格化されているため，単位円上にあります．

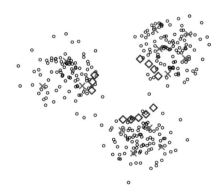

図 11.14 k 平均法と辞書学習．$k = 12$ の例．×は k 平均法の中心ベクトル，◇は辞書学習の $\boldsymbol{d}_1,\ldots,\boldsymbol{d}_k$．

問題 (11.3) における辞書の最適解を $\widehat{D}$ とします．このとき，符号化と復号化はそれぞれ

符号化： $\boldsymbol{x} \longmapsto$ 問題 $\min_{\boldsymbol{\alpha} \in \mathbb{R}^k} \frac{1}{2} \|\boldsymbol{x} - \widehat{D}\boldsymbol{\alpha}\|^2 + \lambda \|\boldsymbol{\alpha}\|_1$ の解

復号化： $\boldsymbol{\alpha} \longmapsto \widehat{D}\boldsymbol{\alpha}$

11.5 辞書学習

となります．データから辞書 D を特徴量として構成できることは，特にデータが画像の場合は有用です．画像に関する学習を行うとき，どのような特徴量を用いればよいかがまず問題になります．いろいろな特徴量が，経験則に従って提案されています．辞書学習によって，特徴量選択のプロセスも学習に組み入れることができます．

R では，spams パッケージを使って辞書学習を行えます[*4]．画像データから辞書学習で特徴量を抽出する例を示しましょう．画像データを小さな画像パッチ（例えば 8×8 ピクセル）に分け，それをベクトルデータ $\boldsymbol{x}$ （例えば 8×8 次元データ）とします．ベクトルの各要素は対応するピクセルの濃淡を表します．複数の画像から持ち寄った大量の画像パッチから，画像の構成要素である辞書を学習します．通常は大量の画像を用いますが，以下では 3 枚の 512×512 次元画像データ（図 11.15）を使います．それぞれ png 形式で boat.png, goldhill.png, lena.png というファイル名で保存します[*5]．各画像から $(512 - 7)^2 = 255025$ 枚の $8 \times 8 = 64$ 次元画像パッチを取り出します．合計 $255025 \times 3 = 765075$ 枚の画像パッチから辞書を学習します．

(a) boat

(b) goldhill

(c) lena

図 11.15 画像データ

[*4] 詳細は http://spams-devel.gforge.inria.fr/documentation.html を参照．2017 年 8 月現在，Windows には未対応．

[*5] http://links.uwaterloo.ca/Repository.html からダウンロードできます．png 形式で保存します．

まず，画像パッチを作成します．

```
> library(spams)          # spams を使う
> library(png)            # readPNG を使う
> # 画像データ読み込み
> A <- readPNG('boat.png')
> B <- readPNG('goldhill.png')
> C <- readPNG('lena.png')
> # 3枚の画像から 8x8 の画像パッチを切り出す
> # それらをまとめてデータ行列 X を作成
> X <- cbind(spams.im2col_sliding(A,8,8),spams.im2col_sliding(B,8,8),
+            spams.im2col_sliding(C,8,8))
> dim(X)
[1]     64 765075
```

画像パッチをいくつか表示します（図 11.16 (a)）．

```
> # 表示設定
> par(mai=rep(0.01,4),mfrow=c(10,10))
> for(i in 1:100){        # ランダムに画像パッチを選んで表示
+   image(matrix(X[,sample(ncol(X),1)],8),axes=FALSE,
+         col=gray((0:32)/32))
+ }
```

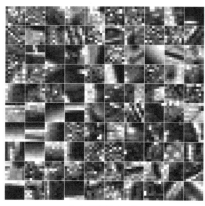
(a) 画像パッチ

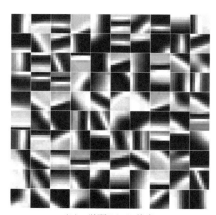
(b) 学習された辞書

図 11.16　辞書学習

関数 **spams.trainDL** で辞書学習を行います．オプション K で $\boldsymbol{\alpha}$ の次元 k の値を指定し，オプション lambda1 で λ の値を指定します．この例では $k = 100$ とし，64 次元データを符号化で 100 次元に変換して特徴抽出を行います．画像パッチと同じように，学習された辞書をプロットします．

```
> D <- spams.trainDL(X,K=100,lambda1=1)          # 辞書学習
> for(i in 1:ncol(D)){                            # 辞書をプロット
+   image(matrix(D[,i],8),axes=FALSE,col=gray((0:32)/32))
+ }
```

図 11.16 (b) は結果を示しています．元データよりシャープな画像が構成要素として得られています．

辞書を教師あり学習などに適用することができます．データ $(\boldsymbol{x}, y)$ の $\boldsymbol{x}$ が 1 枚の画像とします．これを画像パッチに分け，辞書を用いて各画像パッチを符号化します．符号化はラッソの計算と同じです．すべての画像パッチに対応する符号化ベクトルを結合すれば，$\boldsymbol{x}$ の特徴ベクトルが得られます．

第12章
決定木とアンサンブル学習

簡単な統計手法を組み合わせて，高精度な予測を行う学習法であるアンサンブル学習について説明します．アンサンブル学習では，決定木を多数組み合わせる方法がよく用いられます．本章では，最初に決定木を紹介し，続いてバギング，ランダムフォレスト，ブースティングなど，決定木を組み合わせる学習アルゴリズムを紹介します．参考文献として [22], [23], [24] などがあります．

本章で使うパッケージ
- rpart, rpart.plot：データの例，決定木とそのプロット
- adabag：バギング，ブースティング
- randomForest：ランダムフォレスト
- ada, xgboost：ブースティング
- doParallel：並列計算
- kernlab：データの例

12.1　決定木

ラベル付きデータ $(\boldsymbol{x}_1, y_1), \ldots, (\boldsymbol{x}_n, y_n)$ が観測されたとき，木構造の推論規則を用いて入力 $\boldsymbol{x}$ に対するラベル y を予測します．ここで，木構造とは，図 12.1 のように枝分かれしていくグラフ構造を指します．

データ $\boldsymbol{x} = (x_1, \ldots, x_d) \in \mathbb{R}^d$ に対して，根ノードから出発し，各ノードにある条件に従って葉に向かって進んでいきます．葉に割り当てられたラベルが $\boldsymbol{x}$ に対する予測値です．各ノードでの条件は，典型的には，$\boldsymbol{x} \in \mathbb{R}^d$ のある要素 x_k ($k \in \{1, \ldots, d\}$) と実数 c に対して「$x_k > c$ を満たすかどうか」という形式で記述されます．この条件に従って，次に進むノードが決まります．すなわち，$\boldsymbol{x}$ の各要素に対する if-then ルールの組合せによって，最終的なラベル予測を行います．このような推論規則を決定木（もしくは分類木）といいます．

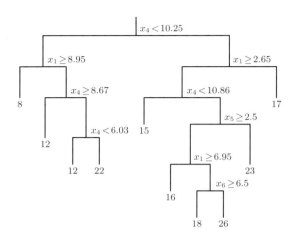

図 12.1　木構造の統計モデル

　決定木の学習では，判別，回帰の両方の問題に対してほとんど同じアルゴリズムを適用できるため，汎用的な手法として広く用いられています．さらに，各ノードで単純なルールに従って入力空間が分割されるため，学習された規則を解釈しやすいという利点があります．一方，予測精度はあまり高くありません．木が深くなればそれだけ複雑なルールを表現できますが，過学習を引き起こします．適切な大きさの決定木を用いる必要があります．精度の高い予測を行うために，複数の決定木をうまく組み合わせる方法が提案されています．次節以降で，決定木を組み合わせる方法について紹介します．

　決定木の学習法を説明しましょう．学習は再帰的に進みます．途中まで学習が進み，葉 $L_1, L_2, \ldots, L_s$ を持つ 2 分木 T が得られたとします．最初は，T は根ノードのみを持ち，これが唯一の葉になっています．各葉 L には判別のラベル（回帰なら実数）y_L が割り当てられているとします．また，その葉に達するまでのノードの条件をすべて満たすデータが，L に収められているとします．葉 L に含まれるデータの割合を $p(L)$ と表します．また，葉 L にラベル y を割り当てるときの損失を $\mathrm{loss}(L, y)$ とします．損失としては，誤り率，ジニ係数，エントロピーなどが用いられます．葉をさらに 2 枚の葉に分割し，損失が小さくなるように学習が進んでいきます．図 12.2 に決定木のアルゴリズムを示します．

> ■ 決定木の学習アルゴリズム
> 次の step 1, step 2 を，適当な基準が満たされるまで繰り返す．
> **step 1.** T の葉 L にあるデータを「$x_k > c$ を満たすかどうか」で L', L'' に分け，ラベル $y_{L'}, y_{L''}$ を割り当てる．以下を計算する．
>
> $$\mathrm{loss}(L, y_L)p(L) - \{\mathrm{loss}(L', y_{L'})p(L') + \mathrm{loss}(L'', y_{L''})p(L'')\}$$
>
> 上式を最大にする $k \in \{1, \ldots, d\}$, $c \in \mathbb{R}$, $y_{L'}, y_{L''}$ を定め，最大値を diff-loss(L) とする．
>
> **step 2.** 各葉 L に対して step 1 の計算を実行し，diff-loss(L) を最大にする L を選ぶ．条件「$x_k > c$ を満たすかどうか」を L に付与し，(L, y_L) を新たな葉 $(L', y_{L'})$, $(L'', y_{L''})$ に分けて，これを新たな木 T とする．

図 12.2 決定木の学習アルゴリズム

このアルゴリズムを，特に終了条件を設定せずに実行してみましょう．すると，各葉にデータが一つ割り当てられるところまでアルゴリズムが進み，深い木が作られます．これではデータに過剰適合してしまい，予測の精度は低くなってしまいます．そこで，木に対する複雑度を定義し，木があまり複雑にならないように深さを調整します．例えば，決定木 T に m 個の葉 $L_1, \ldots, L_m$ があり，それぞれに予測値 $y_{L_1}, \ldots, y_{L_m}$ が割り当てられているとします．$\alpha > 0$ を適当な正定数として，T に対する複雑度を

$$\mathrm{complex}(T) = \sum_{s=1}^{m} p(L_s)\mathrm{loss}(L_s, y_{L_s}) + \alpha m$$

と定めます．決定木の学習アルゴリズムに沿って complex(T) を計算し，complex(T) の最小値を達成する木 T を採用する方法が提案されています．

rpart パッケージの関数 **rpart** を使った例を示しましょう．データは rpart パッケージに含まれる stagec を使います．これは前立腺がんのデータで，各患者の年齢，腫瘍の大きさや状態などを含みます．腫瘍の状態を表す 2 値ラベル pgstat を出力として，他の要素から予測する判別器を学習します．

```
> library(rpart)                                  # rpart を使う
> stagec$pgstat <- as.factor(stagec$pgstat)       # データの出力ラベルを作成
> # モデリング
> fm <- as.formula(paste("pgstat~",
+   paste(dimnames(stagec)[[2]][3:8],collapse='+')))
> rp  <- rpart(fm,data=stagec)  # rpart で学習
> rp$control$cp                 # αに対応する正則化パラメータのデフォルト値
[1] 0.01
> # 決定木をプロット
> plot(rp); text(rp,use.n=TRUE,all=TRUE,xpd=NA)
>
> # 正則化パラメータを大きくして rpart で学習
> rq <- rpart(fm,data=stagec,control=rpart.control(cp=0.05))
> # 決定木をプロット
> plot(rq); text(rq,use.n=TRUE,all=TRUE,xpd=NA)
```

rpart.plot パッケージの関数 **rpart.plot** を使って，**rpart** の結果を分かりやすく表示します．

```
> library(rpart.plot)    # rpart.plot を使う
> rpart.plot(rq)         # プロット
```

図 12.3，12.4 に結果を示します．正則化パラメータ α に対応するオプション cp を 0.05 にすると，0.01 のときに得られた決定木（図 12.3）を手前で剪定した決定木（図 12.4）が得られます．

rpart のオプション parms を parms=list(split="information") とすると，complex(T) の損失が負のエントロピーになります．デフォルトはジニ係数 (split="gini") です．

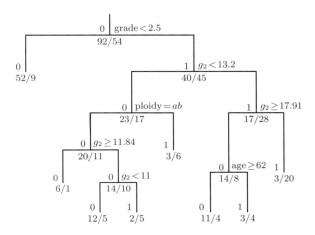

図 12.3 rpart による stagec データの学習. 正則化パラメータ cp = 0.01.

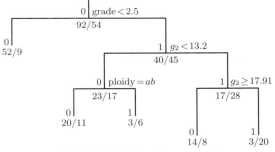

(a) 正則化パラメータ cp = 0.05

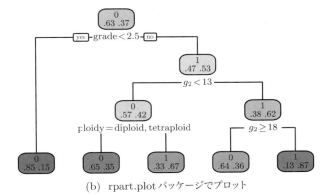

(b) rpart.plot パッケージでプロット

図 12.4 rpart による stagec データの学習

12.2 バギング

統計学で発展しているブートストラップ法を機械学習アルゴリズムに適用して得られる学習アルゴリズムを，**バギング**（bagging）と呼びます．**ブートストラップ法**とは，データのリサンプリングを用いて推定量の信頼区間を構成したり，バイアス補正を行うための統計的手法です．バギングでは，ブートストラップ法は主に予測の安定化のために用いられます．

バギングによる学習について説明しましょう．データ $D = \{(\boldsymbol{x}_1, y_1), \ldots, (\boldsymbol{x}_n, y_n)\}$ が観測され，$\boldsymbol{x}$ から y を予測することを考えます．前節の決定木やサポートベクトルマシンなど，適当な学習アルゴリズムを用いて得られる回帰関数や判別関数を $\varphi_D(\boldsymbol{x})$ とします．バギングでは，データのリサンプリングを行います．すなわち，データセット D に含まれる各データ $(\boldsymbol{x}_i, y_i)$ を確率 $1/n$ で n 個復元抽出します．この結果，$D' = \{(\boldsymbol{x}'_1, y'_1), \ldots, (\boldsymbol{x}'_n, y'_n)\}$ が得られたとします．ここで，$(\boldsymbol{x}'_i, y'_i)$ は D に含まれるデータのいずれかに一致します．たいてい D' は同じデータを複数含み，また D' には現れないデータもあります．リサンプリングは，2 章で紹介したように **sample** 関数にオプション replace=TRUE を付けることで実行できます．

```
> # 1,2,3,4,5 の非復元抽出
> sample(5)
[1] 2 3 1 4 5
> # 1,2,3,4,5 の復元抽出（リサンプリング）
> sample(5,replace=TRUE)
[1] 3 2 5 2 5
```

D からリサンプリングしたデータセットを複数用意し，これらを $D'_1, D'_2, \ldots, D'_B$ とします．これらのデータセットはすべて n 個のデータからなります．リサンプリングデータを用いて学習を行い，予測のための関数 $\varphi_{D'_b}(\boldsymbol{x})\,(b = 1, \ldots, B)$ を得ます．バギングでは，これらを統合して予測を行います．具体的には，判別なら多数決

$$\widehat{y} = \underset{y}{\operatorname{argmax}} |\{b : \varphi_{D'_b}(\boldsymbol{x}) = y\}|$$

を，また回帰なら平均値

$$\widehat{y} = \frac{1}{B} \sum_{b=1}^{B} \varphi_{D'_b}(\boldsymbol{x})$$

を予測値とします．このように複数のデータセットを使って予測を行うことで，結果が安定します．元の学習データに外れ値などが多少混入していても，バギングによる予測の結果は，それらからの影響を受けにくいという傾向があります．また，それぞれのリサンプリングデータに対する学習は独立に実行できるので，簡単に並列化できます．

バギングは ipred や adabag などのパッケージで提供されています．ここでは，adabag の関数 **bagging** を使います．これは **rpart** に対するブートストラップです．ブートストラップ回数 B は，オプション mfinal で指定します．

```
> library(adabag)              # bagging を使う（rpart も読み込まれる）
> # iris の 100 データでトレーニング，残りでテスト
> idx <- sample(nrow(iris),100)
> # bagging: B=50
> ba <- bagging(Species~.,data=iris[idx,],mfinal=50)
> pred <- predict(ba,iris[-idx,])      # テスト誤差の評価
> pred$error                           # テスト誤差
[1] 0.06
> pred$confusion                       # 予測ラベルと真のラベルの対応
               Observed Class
Predicted Class setosa versicolor virginica
     setosa        10         0         0
     versicolor     0        20         2
     virginica      0         1        17
```

次に，stagec データに **rpart** と **bagging** を適用し，テスト誤差を比較します．結果を図 12.5 に示します．バギングの反復数を $B = 10, 50, 100$ と増やすほど，テスト誤差が小さくなっています．

```
> library(adabag)              # bagging を使う
> library(doParallel)          # foreach を使って並列計算
```

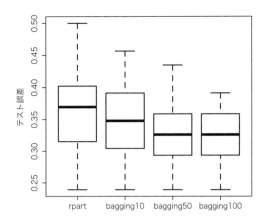

図 12.5 stagec データの学習．決定木（rpart）とバギング（bagging10，bagging50，bagging100）の結果．バギングの反復数 B は 10, 50, 100.

```
> registerDoParallel(detectCores())
> B <- c(10,50,100)                          # bagging で B=10,50,100 を試す
> # stagec データを学習
> stagec$pgstat <- as.factor(stagec$pgstat)
> # モデリング
> fm <- as.formula(paste("pgstat ~",
+     paste(dimnames(stagec)[[2]][3:8],collapse='+')))
> # 各学習法を 20 回並列計算．結果を testerr に格納
> system.time(                                # 計算時間を計測
> testerr <- foreach(i=1:20,.combine=rbind)%dopar%{
+     idx<-sample(nrow(stagec),100)           # データサンプリング
+     rp<-rpart(fm,data=stagec[idx,])         # rpart で学習・テスト
+     err<-mean(predict(rp,stagec[-idx,],type='c')
+                       !=stagec[-idx,'pgstat'])
+     for(b in B){                            # bagging で学習・テスト
+       ba <- bagging(fm,data=stagec[idx,],mfinal=b)
+       err <- c(err,predict(ba,stagec[-idx,])$error)
+     }
+     err
+ })
    user   system  elapsed
 147.218    3.441    7.792
```

```
> # boxplot でプロット
> dimnames(testerr)[[2]] <- c('rpart',paste('bagging',B,sep=''))
> boxplot(testerr)
```

20回の反復実験でテスト誤差を推定した結果を表示します.

```
> colMeans(testerr)
     rpart   bagging10   bagging50  bagging100
 0.3619565   0.3456522   0.3293478   0.3228261
```

$B=100$ としたバギング（bagging100）のテスト誤差は，決定木を単体で使う rpart より 4% 程度改善しています.

12.3　ランダムフォレスト

ランダムフォレスト（random forest）は，決定木に対するバギングの拡張版です．バギングではデータセットをランダムに選択して平均化していると解釈できます．ランダムフォレストでは，さらに入力ベクトルの特徴量もランダムに選択します．このようにすることで，ランダムフォレストはバギングより多様な決定木を生成できます．このため，表現力が向上し，バギングを上回る予測性能を達成できると考えられています．

ランダムフォレストの学習アルゴリズムを説明しましょう．リサンプリングデータ D'_b を用いて決定木を学習します．決定木の学習の途中で葉に割り当てる条件「$x_k > c$ かどうか」を定めるとき，$\{1,\ldots,d\}$ の中からおおよそ $O(\sqrt{d})$ 程度の要素 $\{i_1,\ldots,i_{\sqrt{d}}\}$ をランダムに選んで，この中から k を選択します．各ノードに現れる特徴量の種類をランダムに制約することで，学習結果が多様性を持つことになります．このようにして得られる決定木を $\varphi_{D'_b}(\boldsymbol{x})$ とします．バギングと同様に，多数決などにより最終的な予測結果を得ます．

以下，randomForest パッケージの関数 **randomForest** を使った例を示します．予測には **predict** を使います．デフォルトでは，木の数（オプション ntree で指定）は 500 です．

```
> library(randomForest)                         # randomForest を使う
> library(rpart)                                # stagec データを使う
> stagec$pgstat <- as.factor(stagec$pgstat)    # データ生成
> # モデリング
> fm <- as.formula(paste("pgstat ~",
+     paste(dimnames(stagec)[[2]][3:8],collapse='+')))
> # ランダムフォレストで学習 (na.omit で NA データを除く)
> idx <- sample(nrow(stagec),100)
> rf <- randomForest(fm, data=stagec[idx,], na.action=na.omit)
> rf                                            # 結果を表示 (一部省略)
              Type of random forest: classification
                    Number of trees: 500
No. of variables tried at each split: 2
        OOB estimate of  error rate: 44.44%
Confusion matrix:
   0  1 class.error
0 32 19  0.3725490
1 21 18  0.5384615
>
> predy <- predict(rf,stagec[-idx,])            # 検証データでラベル予測
> mean(predy!=stagec[-idx,"pgstat"],na.rm=TRUE) # 検証誤差
[1] 0.3409091
```

実行結果にあるように，randomForest に組み込まれている OOB (out of bag) でテスト誤差を推定すると，0.4444（44.44%）となります．一方，検証用データから計算した検証誤差は 0.34 となっています．この例では，決定木やバギングと比較して，テスト誤差の意味でほぼ同等の精度を達成しています．木の数に対してテスト誤差（OOB）をプロットすることができます．図 12.6 に結果を示します．このデータでは，特に偽陽性率が高くなっています．

```
> # randomForest のテスト誤差 (OOB) をプロット (legend は省略)
> plot(rf)
```

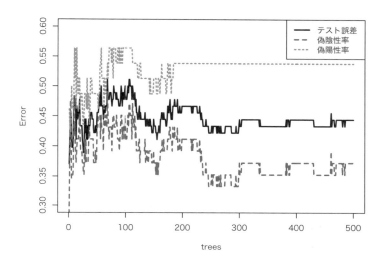

図12.6 ランダムフォレストによる stagec データの学習．テスト誤差の推定値（OOB）を木の数に対してプロット（偽陰性率は，1 から真陽性率を引いた値）．

12.4 ブースティング

ブースティングの研究は，Kearns と Valiant の「弱学習器と強学習器は等価か？」という問いかけからスタートしました．弱学習器とは，大雑把に言うと，あまり性能の良くない学習アルゴリズムを指し，強学習器は高い予測精度を達成する学習アルゴリズムを指します．これに対して，1990 年に Schapire が「フィルタによるブースティング」により，等価性を理論的に示しました．つまり，弱学習器は理論上はそれほど弱い学習器ではなかったことが明らかになりました．さらに，1997 年に Freund と Schapire がアダブースト（Adaboost）という実用的な学習アルゴリズムを提案しました．現在では，ブースティングは単純な予測器を多数組み合わせて，予測精度の高い予測器を生成するための学習法として定着しています．実用では，デジタルカメラの顔検出などに組み込まれています．

本節では，2 値判別問題に対するブースティングアルゴリズムを紹介し，ラベル確率の推定への応用について説明します．

■ 12.4.1 アルゴリズム

ここでは，**弱学習器**もしくは弱学習アルゴリズムという用語を，予測精度は必ずしも高くないが，計算が軽い学習アルゴリズムの総称として用います．2値ラベルデータ $S = \{(\boldsymbol{x}_1, y_1), \ldots, (\boldsymbol{x}_n, y_n)\} \subset \mathcal{X} \times \{+1, -1\}$ を受け取り，判別器 h を返す弱学習器を

$$h = \mathcal{A}(S)$$

のように表します．弱学習器 $\mathcal{A}$ は，あらかじめ定めた判別器の集合 $\mathcal{H}$ の中から判別器 h を探します．データ S から判別器 $\mathcal{A}(S) \in \mathcal{H}$ を求める計算には，それほど手間がかからないとします．データ $(\boldsymbol{x}_i, y_i)$ に重み w_i が付与されている場合は，S に重みの情報も含めておきます．

例 12-1 ［決定株］　ブースティングで使われる弱学習器の代表例として**決定株**があります．決定株とは，深さ 1 の決定木のことです．入力 $\boldsymbol{x} = (x_1, \ldots, x_d)$ に対して決定株の判別器 h は

$$h(\boldsymbol{x}) = s \times \mathrm{sign}(x_k - c)$$

と表せます．ここで，$s \in \{+1, -1\}$ ($c \in \mathbb{R}$) であり，x_k は入力の第 k 要素を表します．この s, c, k が判別器を指定するパラメータであり，このような関数 $h(\boldsymbol{x})$ の集合が $\mathcal{H}$ になります．決定木のパッケージ rpart の関数 **rpart** で，オプション maxdepth を 1 に設定すれば，決定株による学習が行えます．　□

各データ $(\boldsymbol{x}_i, y_i)$ に，重み $w_i > 0$ ($i = 1, \ldots, n$) が付加されているとします．弱学習器 $\mathcal{A}(S)$ としては，$\mathcal{H}$ の中で重み付きトレーニング誤差

$$\frac{1}{n} \sum_{i=1}^{n} w_i I[h(\boldsymbol{x}_i) \neq y_i] \tag{12.1}$$

を（近似的に）最小にする仮説を返すアルゴリズムがよく用いられます．0-1 損失以外の損失を使う弱学習器も提案されています．**ブースティングの一般的な手順を図 12.7 に示します．**

ブースティングでは，信頼度 α_t や重み w_i の更新の決め方に任意性があります．これらのパラメータの決め方によって，いろいろなブースティング法が提

12.4 ブースティング

■ ブースティング

設定： 弱学習アルゴリズム $\mathcal{A}$ を定める．観測データを $\{(\boldsymbol{x}_1, y_1), \ldots, (\boldsymbol{x}_n, y_n)\}$，重み付きデータを
$$S_1 = \{(\boldsymbol{x}_1, y_1, w_1), \ldots, (\boldsymbol{x}_n, y_n, w_n)\}$$
とする．初期重みを $w_i = 1/n$ $(i = 1, \ldots, n)$ とおく．

反復： $t = 1, 2, \ldots, T$ として step 1 から step 3 を繰り返す．

step 1. $S_t = \{(\boldsymbol{x}_1, y_1, w_1), \ldots, (\boldsymbol{x}_n, y_n, w_n)\}$ に対して $h_t = \mathcal{A}(S_t)$ とする．

step 2. h_t の信頼度 $\alpha_t \in \mathbb{R}$ を定める．

step 3. 重み w_i $(i = 1, \ldots, n)$ を更新する．

出力： 判別器：$H(\boldsymbol{x}) = \text{sign}\left(\sum_{t=1}^{T} \alpha_t h_t(\boldsymbol{x})\right)$

図 12.7 ブースティングのアルゴリズム

案されています．例えばアダブーストやロジットブーストなどがあります．信頼度や重みの具体的な決め方は 12.4.2 項で紹介します．勾配ブースティングやニュートンブースティングと呼ばれる手法では，弱学習器 $\mathcal{A}$ は式 (12.1) とは異なる基準を用います．これについても 12.4.2 項で簡単に補足します．

代表的なブースティング法では，反復数 T が十分大きければ，最終的に得られる判別器 $H(\boldsymbol{x})$ のトレーニング誤差は非常に小さくなることが示されています．

ブースティングを実装した R パッケージとして，adabag パッケージや ada パッケージがあります．ここでは，adabag パッケージの **boosting** と ada パッケージの **ada** の使用例を示します．関数 **ada** では，オプション loss を e (exponential) とすると，アダブーストが実行されます．これらに加えて，xgboost パッケージ[*1]の **xgboost** も試してみます．これは，ニュートンブースティングの一種である XGBoost を実装したパッケージです．オプション objective を binary:logistic とすると，2 値判別を行います．

[*1] install.packages でインストールできないこともあります．ウェブ上の関連ページを参照してください．

データは ada パッケージで提供されている soldat を用います．これは新薬発見に関するデータで，化合物の情報を含んでいます．データ数は 5631, 入力は 72 次元の 2 値ラベルデータです．数値実験では，データをランダムにトレーニングデータ（4000 サンプル）とテストデータ（1631 サンプル）に分割します．それぞれの学習アルゴリズムでトレーニングデータを学習し，テストデータで予測精度を評価します．ブースティングの反復数は $T=1000$ とし，弱学習器として決定株を用います．

```
> # ラベル予測：アダブーストと XGBoost を比較
> library(adabag)                     # boosting を使う
> library(ada)                        # ada を使う
> library(xgboost)                    # xgboost を使う
> data(soldat)                        # データ読み込み
> dim(soldat)                         # データのサイズ
[1] 5631   73
> # 5631 サンプルで入力は 72 次元，出力ラベルは 0，1 の 2 値
> x <- soldat[,-73]; y <- soldat[,73]; y[y==-1] <- 0
> idx <- sample(nrow(x),4000)
> tr <- list(x=x[ idx,],y=y[ idx])    # トレーニングデータ
> te <- list(x=x[-idx,],y=y[-idx])    # テストデータ
> T <- 1000                           # ブースティングの反復数
> mp <- 1                             # 弱学習器：深さ 1 の決定木 (決定株)
>
> # アダブースト (adabag::boosting). mfinal で反復数を設定
> system.time(                        # 計算時間を計測
+         boAB <- boosting(y~.,data=data.frame(tr$x,y=as.factor(tr$y)),
+         mfinal=T,control=rpart.control(maxdepth=mp)))
   user  system elapsed
200.335   0.966 201.393
> # アダブースト (ada::ada). iter で反復数を設定
> system.time(                        # 計算時間を計測
+            boE <- ada(tr$x,tr$y,loss='e',iter=T,
+            control=rpart.control(maxdepth=mp)))
   user  system elapsed
 91.342   0.103  91.488
> # XGBoost. nround で反復数を設定
> system.time(                        # 計算時間を計測
+            boL <- xgboost(data=as.matrix(tr$x),label=tr$y,nround=T,
```

```
+                max.depth=mp,objective="binary:logistic",verbose=0))
   user  system elapsed
  9.673   0.006   0.616
>
> # アダブースト (adabag::boosting) のテスト誤差
> mean(predict(boAB,te$x)$cl!=te$y)
[1] 0.2734519
> # アダブースト (ada::ada) のテスト誤差
> mean(predict(boE,te$x)!=te$y)
[1] 0.2667075
> # XGBoost のテスト誤差
> mean((predict(boL,as.natrix(te$x))>1/2)!=te$y)
[1] 0.2421827
```

関数 **predict** は xgb.Booster クラスのオブジェクトに対して確率値を出力します．XGBoost では，推定した確率が $1/2$ より大きいか小さいかでラベルを予測しています．**boosting** と **ada** では実装が多少異なるため，データは同じでも結果は一致しません．計算速度については，実装上の工夫や自動並列化の効果などにより，**xgboost** は **boosting** や **ada** より大幅に高速化されていることが分かります．

次に，異なるタイプのアンサンブル学習の方法として，ランダムフォレストと XGBoost を比較します．数値例では，どちらも 1000 個の決定木から判別器を構成します．ランダムフォレストでは深い決定木を使いますが，XGBoost ではデフォルト（深さ 6）の決定木を使います．

```
> dat <- na.omit(soldat)              # NA を除く
> x <- dat[,-73]; y <- dat[,73]; y[y==-1] <- 0
> idx <- sample(nrow(x),3000)
> tr <- list(x=x[ idx,],y=y[ idx])    # トレーニングデータ
> te <- list(x=x[-idx,],y=y[-idx])    # テストデータ
> # ランダムフォレスト
> system.time(rf <- randomForest(tr$x,as.factor(tr$y),ntree=1000))
   user  system elapsed
 16.232   0.090  16.328
> mean(predict(rf,te$x)!=te$y)         # ランダムフォレストのテスト誤差
```

```
[1] 0.1990239
> # XGBoost
> system.time(boL <- xgboost(data=as.matrix(tr$x),label=tr$y,
+             nround=1000,objective="binary:logistic",verbose=0))
   user  system elapsed
 35.646   0.016   2.347
> mean((predict(boL,as.matrix(te$x))>1/2)!=te$y) # XGBoost のテスト誤差
[1] 0.1930586
```

結果を見ると，soldat データでは予測精度に関して大きな違いはありません．データの分割の仕方をランダムに変えて繰り返し実験しても，同様の結果になることが確認できます．計算時間については，XGBoost の計算効率が非常に高いことが分かります．

ブースティングにおいて，反復数 T は正則化パラメータに相当することが知られています．T を適切に選ぶために交差検証法を行います．このために，xgboost パッケージでは関数 **xgb.cv** が提供されています．オプション nfold で K 交差検証法の K を指定します．以下にトレーニング誤差，検証誤差，テスト誤差の計算例を示します．

```
> T <- 5000                        # 反復数は最大 5000
> mp <- 1                          # 弱学習器は決定株
> K <- 5                           # 5 交差検証法
> # 交差検証法
> system.time(                     # 計算時間を計測
+  boLcv <- xgb.cv(data=as.matrix(tr$x),label=tr$y,nfold=K,nrounds=T,
+          max.depth=mp,metrics="error",objective="binary:logistic",
+          verbose=F))
   user  system elapsed
258.391   0.351  16.310
> # トレーニング誤差と検証誤差をプロット（オプションは一部省略）
> plot(boLcv[[4]]$train_error_mean,lwd=2,type='l',log='x')
> lines(boLcv[[4]]$test_error_mean,lwd=2,lty=2,col=2)
```

結果は図 12.8 (a) のようになります．トレーニング誤差はゼロに近づき，検証誤差は 0.23 程度まで減少します．

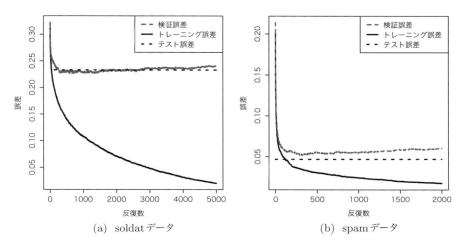

図 12.8 XGBoost のトレーニング誤差，検証誤差，テスト誤差のプロット．テスト誤差は，検証誤差の意味で最適な反復数で学習した判別器から計算．

検証誤差の意味で最適な反復数で，すべてのトレーニングデータを使って学習してみましょう．

```
> which.min(boLcv[[4]]$test_error_mean)     # 検証誤差を最小にする反復数
[1] 383
> boL <- xgboost(data=as.matrix(tr$x),label=tr$y,nround=383,
+                max.depth=mp,objective="binary:logistic",verbose=FALSE)
> mean((predict(boL,as.matrix(te$x))>1/2)!=te$y)         # テスト誤差
[1] 0.2331887
```

この結果，テスト誤差が約 0.23 の判別器が得られました．交差検証法により，テスト誤差を精度良く推定できることが確認できます．

同様の実験を，kernlab パッケージの spam データ（迷惑メールのデータ）に適用した結果も示します．反復数は 2000，弱学習器は深さ 5 の決定木とします．次のようにデータを作成し，あとは上の R コードと同じ手順で，判別器を構成します．

```
> library(kernlab)
> data(spam)
> x <- spam[,-58]; y <- as.numeric(spam[,58]=='spam')
> idx <- sample(nrow(x),3000)
> tr <- list(x=x[ idx,],y=y[ idx])           # トレーニングデータ
> te <- list(x=x[-idx,],y=y[-idx])           # テストデータ
> T <- 2000; mp <- 5; K <- 5                  # 設定
> # 交差検証法, プロット, テスト誤差の計算は soldat データと同じ
# 省略
> mean((predict(boL,as.matrix(te$x))>1/2)!=te$y)   # テスト誤差
[1] 0.04684572
```

図 12.8 (b) はこの結果です．検証誤差を用いて反復数を定める方法が，高い予測精度を達成するのに有効であることが確認できます．

12.4.2　アルゴリズムの導出

ブースティングアルゴリズムの導出について説明します．導出を理解すれば，ブースティングが判別だけでなくラベル確率の推定にも利用できることが納得できるでしょう．

さまざまな学習アルゴリズムは，何らかの損失関数を小さくするように動作します．例えば，サポートベクトルマシンでは，判別関数 $F(\boldsymbol{x})$ に対する損失としてヒンジ損失 $\max\{1-yF(\boldsymbol{x}),0\}$ を考えていました．ブースティングでは，一般の損失関数 $\ell(yF(\boldsymbol{x}))$ を考えます．ここで，関数 $\ell(m)$ $(m \in \mathbb{R})$ は $\ell(m) = e^{-m}$ や $\ell(m) = \log(1+e^{-m})$ などの単調減少関数とします．損失関数によって，さまざまなブースティングアルゴリズムが導出されます．

判別関数 $F(\boldsymbol{x})$ は基底関数 $h_1(\boldsymbol{x}), \ldots, h_B(\boldsymbol{x})$ の線形和として

$$F(\boldsymbol{x}) = \alpha_1 h_1(\boldsymbol{x}) + \cdots + \alpha_B h_B(\boldsymbol{x})$$

と表せるとします．ここで，$h_1, \ldots, h_B$ は $\{+1, -1\}$ に値をとる関数とします．$F(\boldsymbol{x})$ の符号でラベルを予測します．学習データから係数 $\alpha_1, \ldots, \alpha_B$ を適切に定めます．そのために，累積損失

$$L(F) = \sum_{i=1}^{n} \ell(y_i F(\boldsymbol{x}_i))$$

を小さくする判別関数を求めます．関数 $\ell(m)$ が単調減少なので，累積損失が小さい判別関数は，各データに対して $y_i F(\boldsymbol{x}_i)$ が大きくなる傾向があります．この結果，多くのデータで $F(\boldsymbol{x}_i)$ の符号が y_i に一致する判別関数が得られます．この問題に対して，最適化手法の一つである**座標降下法**を適用します．座標降下法とは，関数を最小化するとき，関数値が最も減少する座標軸の方向に進んでパラメータを更新する方法です．

パラメータの座標 $\alpha_1, \ldots, \alpha_B$ の中で損失 $L(F)$ が最も減少する方向として，微分 $\partial L(F)/\partial \alpha_k$ の値が最も小さい負の値をとる座標軸を選びます．微分は

$$\frac{\partial L(F)}{\partial \alpha_k} = \sum_{i=1}^{n} \ell'(y_i F(\boldsymbol{x}_i)) y_i h_k(\boldsymbol{x}_i)$$
$$= -2 \sum_{i=1}^{n} \ell'(y_i F(\boldsymbol{x}_i)) I[y_i \neq h_k(\boldsymbol{x}_i)] + \sum_{i=1}^{n} \ell'(y_i F(\boldsymbol{x}_i))$$

となるので，$\partial L(F)/\partial \alpha_k$ を最小にする方向を探すことは，

$$\sum_{i=1}^{n} w_i I[y_i \neq h_k(\boldsymbol{x}_i)], \quad w_i = -\ell'(y_i F(\boldsymbol{x}_i)) \geq 0$$

を最小にする関数 h_k を探すことと等価です．これは，判別器 h_k の重み付きトレーニング誤差の最小化と見なせます．このようにして，各反復での仮説 h_t を求めます．この仮説に対する信頼度 α_t は，$L(F + \alpha h_t)$ を最小にする α に設定されます．

損失関数とブースティングアルゴリズムには，次のような対応があります．

- アダブースト（adaboost）： $\ell(m) = e^{-m}$
- ロジットブースト（logitboost）： $\ell(m) = \log(1 + e^{-m})$
- マダブースト（modified adaboost）： $\ell(m) = \begin{cases} e^{-m}, & m > 0 \\ -m + 1, & m \leq 0 \end{cases}$

それぞれの損失関数の関数形を図 12.9 に示します．

ブースティングの基本的な考え方は，損失の勾配方向に進んで損失を小さくすることです．そこで，**勾配ブースティング**では，データ

$$S = \{(\boldsymbol{x}_i, -\ell'(y_i F(\boldsymbol{x}_i))) \mid i = 1, \ldots, n\}$$

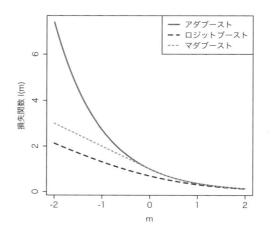

図 12.9 アダブースト，ロジットブースト，マダブーストの損失関数

に対する最小 2 乗法を弱学習器として，アルゴリズムを構成します．この場合，弱学習器の出力 h_t は判別器ではなく S に対する回帰式です．信頼度 α_t は，$L(F + \alpha h_t)$ を最小にする α として定めます．

一方，数値最適化の手法に座標降下法ではなくニュートン法を用いる方法を，**ニュートンブースティング**といいます．弱学習器は，上記のデータ S を少し修正したデータに対する重み付き最小 2 乗法として表されます．関数 **xgboost** では，ロジスティック損失 $\ell(m) = \log(1 + e^{-m})$ に対してニュートンブースティングを適用します．弱学習器は S のようなデータに対してフィッティングを行うので，統計モデルとして，回帰のための決定木を用います．通常，決定木に対する正則化項を加えた損失を最小化するように，アルゴリズムを構築します．詳細は文献 [7], [25] やウェブ上の情報を参照してください．

12.4.3 ブースティングによる確率推定

ブースティングは損失関数を最小にするアルゴリズムと解釈できます．データ数が十分大きいとき，損失のサンプル平均は，大数の法則により

$$\sum_{\bm{x}} \Pr(\bm{x}) \sum_{y=\pm 1} \Pr(y|\bm{x}) \ell(y F(\bm{x})) \tag{12.2}$$

に収束します．ここで，$\Pr(\boldsymbol{x})$ は入力 $\boldsymbol{x}$ の確率，$\Pr(y|\boldsymbol{x})$ は入力 $\boldsymbol{x}$ の条件のもとでのラベル y の条件付き確率です．入力 $\boldsymbol{x}$ が連続な確率変数なら，和を積分に置き換えます．任意の $\Pr(\boldsymbol{x})$ に対して式 (12.2) を最小にする $F(\boldsymbol{x})$ を求めます．$F(\boldsymbol{x})$ で微分して 0 に等しいとおくと，

$$\sum_{\boldsymbol{x}} \Pr(\boldsymbol{x}) \left\{ \Pr(+1|\boldsymbol{x})\ell'(F(\boldsymbol{x})) - \Pr(-1|\boldsymbol{x})\ell'(-F(\boldsymbol{x})) \right\} = 0$$

が任意の $\Pr(\boldsymbol{x})$ に対して成り立ちます．関数 $\rho(z)$ を $\rho(z) = \ell'(-z)/\ell'(z)$ とおくと，極値条件から

$$\rho(F(\boldsymbol{x})) = \frac{\ell'(-F(\boldsymbol{x}))}{\ell'(F(\boldsymbol{x}))} = \frac{\Pr(+1|\boldsymbol{x})}{\Pr(-1|\boldsymbol{x})}$$

が得られます．したがって

$$\Pr(+1|\boldsymbol{x}) = \frac{\rho(F(\boldsymbol{x}))}{1 + \rho(F(\boldsymbol{x}))}$$

となることが分かります．例えば，アダブーストなら $\Pr(+1|\boldsymbol{x}) = 1/(1 + e^{-2F(\boldsymbol{x})})$ となり，ロジットブーストや標準的な XGBoost では $\Pr(+1|\boldsymbol{x}) = 1/(1 + e^{-F(\boldsymbol{x})})$ となります．このようにして $F(\boldsymbol{x})$ とラベルの条件付き確率 $\Pr(1|\boldsymbol{x})$ の対応が分かります．

関数 **ada** や **xgboost** を使うと，上記の対応によって計算した確率の推定値が得られます．以下ではまず，**xgboost** より詳細な設定ができる **xgb.train** を使って，ブースティングを実行しているときの 0-1 損失や対数損失の挙動を観察します．オプション eval.metric で指定された損失の値を，ブースティングのステップごとに計算します．

```
> # パッケージ ada, xgboost は読み込み済み
> data(soldat)                          # データ読み込み
> x <- soldat[,-73]; y <- soldat[,73]; y[y==-1] <- 0
> idx <- sample(nrow(x),4000)
> tr <- xgb.DMatrix(data=as.matrix(x[idx,]),
+                   label=y[idx])       # トレーニングデータ
> te <- xgb.DMatrix(data=as.matrix(x[-idx,]),
+                   label=y[-idx])      # テストデータ
```

```
> watchlist <- list(train=tr, test=te)      # 各反復で tr と te での損失を計算
> T <- 2000                                  # 反復数
> mp <- 5                                    # 弱学習器は深さ 5 の決定木
> boL <- xgb.train(data=tr,nround=T,max.depth=mp,watchlist=watchlist,
+     objective="binary:logistic",           # 2 値判別問題
+     eval.metric="error",eval.metric="logloss",  # 0-1 損失と対数損失
+     verbose=1,print_every_n=T)             # を計算
#  表示は省略
```

トレーニングデータとテストデータにおける 0-1 損失と対数損失をそれぞれプロットします．

```
> # 0-1 損失のプロット (オプションなどは一部省略)
> ylim <- range(c(boL$e[['train_error']],    # 縦軸の表示範囲
+                 boL$e[['test_error']]))
> plot(boL$e[['train_error']],lwd=2,type='l',ylim=ylim)
> lines(boL$e[['test_error']],lwd=2,col=2,lty=2)
>
> # 対数損失のプロット (オプションなどは一部省略)
> ylim <- range(c(boL$e[['train_logloss']],  # 縦軸の表示範囲
+                 boL$e[['test_logloss']]))
> plot(boL$e[['train_logloss']],lwd=2,type='l',ylim=ylim)
> lines(boL$e[['test_logloss']],lwd=2,col=2,lty=2)
```

結果を図 12.10 に示します．ブースティングの特徴として，0-1 損失では過学習が起こりにくいことが報告されており，この数値例でも，そのような傾向が観察されます．一方，対数損失では過学習が顕著なので，確率値を推定するときには反復数 T を適切に選ぶ必要があります．

交差検証法 **xgb.cv** を用いて，反復数を定めます．オプション metrics を logloss とすると，検証データに対して対数損失が計算されます．

```
> T <- 2000             # 反復数
> mp <- 5               # 弱学習器は深さ 5 の決定木
> K <- 5                # 5 重交差検証法
```

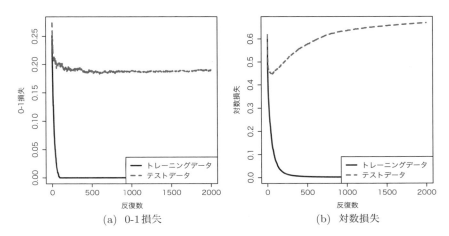

図 12.10 トレーニングデータとテストデータに対する 0-1 損失と対数損失のプロット

```
> system.time(                          # 計算時間を計測
+ boLcv <- xgb.cv(data=tr,nrounds=T,max.depth=mp,nfold=K,
+              metrics="logloss",objective="binary:logistic",
+              verbose=1,print_every_n=T))
   user  system elapsed
309.766   0.199  19.514
>
> # 検証データとテストデータのそれぞれで計算した対数損失をプロット
> # (オプションなどは一部省略)
> ylim <- range(c(boLcv$e[['test_logloss_mean']],   # 縦軸の表示範囲
+                boL$e[['test_logloss']]))
> plot(boLcv$e[['test_logloss_mean']],lwd=3,col=2,lty=2,
+      type='l',ylim=ylim,log='x')              # 交差検証法の結果
> lines(boL$e[['test_logloss']],lwd=3,col=1,    # テストデータ上での損失
+       lty=1)
```

プロットを図 12.11 に示します．反復数は対数スケールにしてあります．テストデータ上での損失は図 12.10 (b) のプロットと同じです．この例では，交差検証法の結果はテストデータでの対数損失の傾向をよく捉えています．この結果から，適切な反復数を求めることができます．

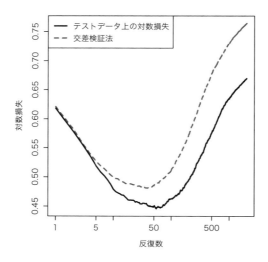

図 12.11 交差検証法による対数損失とテストデータ上での対数損失．反復数を対数スケールでプロット．

```
> # 交差検証法による最適な反復数
> which.min(boLcv$e[['test_logloss_mean']])
[1] 38
```

第 13 章
ガウス過程モデル

ガウス過程モデルはベイズ推定の一種ですが,パラメータ空間上の事前分布を明示的には与えず,回帰関数の出力に対する分布を直接扱います.この考え方は,サポートベクトルマシンなどカーネル関数を使う学習法と共通しています.ガウス過程モデルの応用として,深層学習におけるニューラルネットワークのモデルパラメータ設定などに応用されているベイズ最適化について説明します.

参考文献として [26], [27] などがあります.ウェブ上で検索すれば,ベイズ最適化に関する多くの情報が得られます.

[本章で使うパッケージ]
- mlbench:データの例
- kernlab:ガウス過程モデルによる学習
- rBayesianOptimization:ベイズ最適化

13.1 ベイズ推定とガウス過程モデル

簡単な例として,単回帰に対するベイズ推定から**ガウス過程モデル**を導出します.線形回帰モデル

$$y = \theta x + \varepsilon \quad (\theta, x \in \mathbb{R}) \tag{13.1}$$

を考えます.誤差 ε は観測ごとに独立に正規分布 $N(0, \sigma^2)$ に従うとします.パラメータ θ の事前分布を正規分布 $N(0, 1)$ に設定します.

$$\theta \sim N(0, 1)$$

このとき,点 x における出力 y の期待値は $\mathbb{E}[y] = 0$,分散は $\mathbb{V}[y] = \sigma^2 + x^2$ となり,また正規分布の性質から

$$y \sim N(0, \sigma^2 + x^2)$$

が成り立ちます．これを点 x における出力 y の事前分布と考えます．さらに，点 x' における出力を y' として，(y, y') の同時分布を計算します．共分散 $\mathrm{Cov}(y, y')$ は

$$\begin{aligned}
\mathrm{Cov}(y, y') &= \mathbb{E}[(\theta x + \varepsilon)(\theta x' + \varepsilon')] \\
&= xx'\mathbb{E}[\theta^2] + \mathbb{E}[\theta x \varepsilon' + \theta x' \varepsilon] + \mathbb{E}[\varepsilon \varepsilon'] \\
&= xx' + \sigma^2 I[x = x']
\end{aligned}$$

となり，よって，(y, y') の事前分布は

$$\begin{pmatrix} y \\ y' \end{pmatrix} \sim N_2 \left(\begin{pmatrix} 0 \\ 0 \end{pmatrix}, \begin{pmatrix} x^2 & xx' \\ xx' & x'^2 \end{pmatrix} + \sigma^2 \begin{pmatrix} 1 & I[x = x'] \\ I[x = x'] & 1 \end{pmatrix} \right)$$

となります．

3点以上の入力点での出力値の分布は，上と同様に計算できます．点 $x_1, \ldots, x_n \in \mathbb{R}$ における出力をそれぞれ $y_1, \ldots, y_n$ とし，$\boldsymbol{y} = (y_1, \ldots, y_n)$ の同時分布を計算します．関数 $k(x, x')$ を

$$k(x, x') = xx' + \sigma^2 I[x = x'] \tag{13.2}$$

と定めると，上の (y, y') の同時分布の計算と同様に，$\boldsymbol{y}$ は n 次元正規分布に従います．

$$\boldsymbol{y} \sim N_n(\boldsymbol{0}, K)$$

ただし，K は $K_{ij} = k(x_i, x_j)$ で定義される $n \times n$ 行列です．関数 $k(x, x')$ はカーネル関数の性質（対称性，非負定値性）を満たすので，K はカーネル法におけるグラム行列（8.5節）そのものです．

データ $D = \{(x_1, y_1), \ldots, (x_n, y_n)\}$ が与えられたとき，点 x での y の分布を計算しましょう．ベクトル $\boldsymbol{y}_{\mathrm{ob}}, \widetilde{\boldsymbol{y}}$ を

$$\begin{aligned}
\boldsymbol{y}_{\mathrm{ob}} &= (y_1, \ldots, y_n)^T \in \mathbb{R}^n \\
\widetilde{\boldsymbol{y}} &= (y, y_1, \ldots, y_n)^T = (y, \boldsymbol{y}_{\mathrm{ob}}^T)^T \in \mathbb{R}^{n+1}
\end{aligned}$$

とし，$\widetilde{\boldsymbol{y}}$ の事前分布を

$$\widetilde{\boldsymbol{y}} \sim N_{n+1}(\boldsymbol{0}, \widetilde{K}), \quad \widetilde{K} = \begin{pmatrix} k(x, x) & \boldsymbol{k}(x)^T \\ \boldsymbol{k}(x) & K_{\mathrm{ob}} \end{pmatrix}$$

と定めます．ここで，
$$\boldsymbol{k}(x) = (k(x,x_1),\ldots,k(x,x_n))^T, \quad (K_{\mathrm{ob}})_{ij} = k(x_i,x_j)$$

としています．観測データ $\boldsymbol{y}_{\mathrm{ob}}$ が与えられたとき，y の分布は $\boldsymbol{y}_{\mathrm{ob}}$ のもとでの条件付き分布として計算できます．多変量正規分布の条件付き分布の公式を使うと，
$$y \sim N(\boldsymbol{k}(x)^T K_{\mathrm{ob}}^{-1} \boldsymbol{y}_{\mathrm{ob}}, \, k(x,x) - \boldsymbol{k}(x)^T K_{\mathrm{ob}}^{-1} \boldsymbol{k}(x))$$

となります[*1]．パラメータ θ に対する事前分布を明示することなく，出力 y の事後分布が計算できました．

以上の計算過程を R で再現してみましょう．結果を図 13.1 に示します．

```
> library(kernlab)              # kernelMatrix を使う
> n <- 30                        # データ数
> theta <- 1                     # θ=1
> sd <- 0.5                      # εの標準偏差
> # k(x,z) を一般次元の入力に対して定義
> GPk <- function(x,z){
+    t(x)%*%z+sd^2*(all(x==z))
+ }
> # データ生成
> X   <- matrix(rnorm(n,sd=3))
> Yob <- X%*%theta+matrix(rnorm(n,sd=sd))
> # 予測点
> newx <- matrix(seq(-3,3,length=100))
> # カーネル関数の計算
> Kob <- kernelMatrix(GPk,X)
> kx  <- kernelMatrix(GPk,newx,X)
> knewx <- kernelMatrix(GPk,newx,newx)
> # ガウス過程による回帰関数の予測
> GPf   <- kx %*% solve(Kob,Yob)
> # 予測値の分散．数値誤差で生じる負の微小量を pmax で 0 にする
> GPv <- pmax(diag(knewx-kx %*% solve(Kob,t(kx))),0)
```

[*1] データ点 $x_1,\ldots,x_n$ がすべて異なるとき，式 (13.2) から定まるグラム行列 K_{ob} は逆行列を持つことが確認できます．

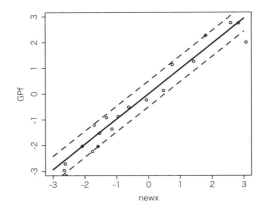

図 13.1 回帰関数の推定結果をプロット．信頼区間はガウス過程モデルの分散から計算．

```
> # プロット
> plot(newx, GPf,type='l',lwd=2)    # 推定した回帰関数
> points(X,Yob)                     # データ点
> # 信頼区間
> lines(newx,GPf+sqrt(GPv),lty=2)
> lines(newx,GPf-sqrt(GPv),lty=2)
```

13.2 ガウス過程モデルによる回帰分析

回帰分析にガウス過程モデルを用いるときは，$y \in \mathbb{R}^n$ の事前分布を多変量正規分布に設定します．ただし，分散共分散行列を定めるための関数として，式 (13.2) に限らず一般のカーネル関数を適用します．多変量正規分布から導出される分布を用いて，さまざまな予測を行います．仮定している統計モデルと事前分布は明示的に与えられませんが，予測のための計算を実行することができます．同様のアプローチは，カーネル回帰やサポートベクトルマシンでも使われています．

データ $D = \{(\boldsymbol{x}_1,y_1),\ldots,(\boldsymbol{x}_n,y_n)\}$ が与えられているとしましょう．ここで $y_1,\ldots,y_n$ の標本平均が 0 になるように，もともとの標本平均を引いておきます．点 $\boldsymbol{x}$ での y の予測値の分布は，前節で示したように $\boldsymbol{y}_\mathrm{ob} = (y_1,\ldots,y_n)^T$ に

対して

$$y|\boldsymbol{x} \sim N\bigl(\boldsymbol{k}(\boldsymbol{x})^T K_{\mathrm{ob}}^{-1} \boldsymbol{y}_{\mathrm{ob}},\ k(\boldsymbol{x},\boldsymbol{x}) - \boldsymbol{k}(\boldsymbol{x})^T K_{\mathrm{ob}}^{-1} \boldsymbol{k}(\boldsymbol{x})\bigr) \tag{13.3}$$

となります．ここで

$$\boldsymbol{k}(\boldsymbol{x}) = (k(\boldsymbol{x},\boldsymbol{x}_1),\ldots,k(\boldsymbol{x},\boldsymbol{x}_n))^T$$

としています．この分布から回帰関数の信頼区間を与えることもできます．カーネル関数が，ガウスカーネルのカーネル幅のようなパラメータを含むとき，それを交差検証法などで決定することができます．

ここで，$\boldsymbol{x}$ としてデータ点 $\boldsymbol{x}_i$ をとると，ガウス過程モデルによる $f(\boldsymbol{x}_i)$ の推定値に対して

平均： $\boldsymbol{k}(\boldsymbol{x}_i)^T K_{\mathrm{ob}}^{-1} \boldsymbol{y}_{\mathrm{ob}} = (0,\ldots,0,1,0,\ldots,0)\boldsymbol{y}_{\mathrm{ob}} = y_i$

分散： $k(\boldsymbol{x}_i,\boldsymbol{x}_i) - \boldsymbol{k}(\boldsymbol{x}_i)^T K_{\mathrm{ob}}^{-1} \boldsymbol{k}(\boldsymbol{x}_i)$
$\qquad = k(\boldsymbol{x}_i,\boldsymbol{x}_i) - (0,\ldots,0,1,0,\ldots,0)\boldsymbol{k}(\boldsymbol{x}_i)$
$\qquad = k(\boldsymbol{x}_i,\boldsymbol{x}_i) - k(\boldsymbol{x}_i,\boldsymbol{x}_i) = 0$

となるため，推定値は観測値に一致します．この点に注意が必要です．図 13.1 では，データ点とは異なる予測点について，関数の予測値と信頼区間を示しています．

ガウス過程モデルによる予測を実装したパッケージとして，kernlab パッケージや GPfit パッケージなどがあります．以下では，kernlab パッケージで提供されている関数 **gausspr** の実行例を示しましょう．カーネル関数としてガウスカーネルを用います．データ点上での分散が 0 にならないように，var オプションで指定される値をグラム行列 K_{ob} の対角成分に足しています．

```
> library(kernlab)              # gausspr を使う
> n <- 30                       # データ数
> theta <- 1                    # θ=1
> sd <- 0.5                     # εの標準偏差
> # データ生成
> X   <- matrix(rnorm(n,sd=3))
> Yob <- X%*%theta+matrix(rnorm(n,sd=sd))
```

```
> # ガウスカーネルによる予測
> gp <- gausspr(X,Yob,kernel="rbfdot",variance.model=TRUE, var=sd^2)
> # 予測点 newx 上での予測値 (GPf) と標準偏差 (GPsd)
> newx <- matrix(seq(-3,3,length=100))
> GPf  <- predict(gp,newx)
> GPsd <- predict(gp,newx,type="sdeviation")
> # プロット
> plot(newx, GPf, type='l',lwd=2)
> points(X,Yob)
> lines(newx,GPf+GPsd,lty=2)
> lines(newx,GPf-GPsd,lty=2)
```

プロットを図 13.2 に示します．線形カーネルの結果（図 13.1）と比較すると，ガウスカーネルのほうがより柔軟にデータにフィッティングしています．

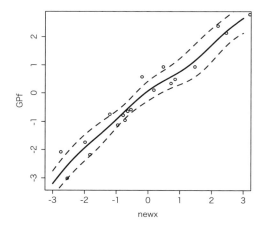

図 13.2　ガウスカーネルから定まるガウス過程モデルによる回帰関数の推定

13.3　ガウス過程モデルによる判別分析

判別分析の問題にもガウス過程モデルを適用できます．ラベルは 2 値（$y \in \{+1, -1\}$）とします．説明のため，まずパラメトリックモデル

$$\Pr(y|\boldsymbol{x}; \boldsymbol{w}) = \tau(y\boldsymbol{x}^T \boldsymbol{w})$$

を仮定します.ここで,$\tau(z)$ は $z \in \mathbb{R}$ から区間 $(0,1)$ への適当な単調増加関数で,$\tau(z)+\tau(-z)=1$ を満たすとします.例えば,シグモイド関数 $1/(1+e^{-z})$ や標準正規分布 $N(0,1)$ の分布関数 $\Phi(z)$ が用いられます(図 13.3).確率値 $\Pr(y|\boldsymbol{x};\boldsymbol{w})$ が $1/2$ より大きいかどうかでラベルを予測するとき,関数 $\tau(z)$ の性質から,$\boldsymbol{x}^T\boldsymbol{w} \geq 0$ なら $y=+1$,$\boldsymbol{x}^T\boldsymbol{w} < 0$ なら $y=-1$ となります.

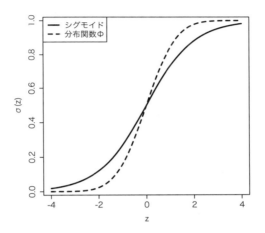

図 13.3 シグモイド関数と標準正規分布の分布関数.適当に z をスケール変換すると,両者はほとんど同じ値をとる.

パラメータ $\boldsymbol{w}$ の事前分布を $p(\boldsymbol{w})$ とします.データ

$$D = \{(\boldsymbol{x}_1, y_1), \ldots, (\boldsymbol{x}_n, y_n)\} \subset \mathbb{R}^d \times \{+1, -1\}$$

が観測されたとき,パラメータ $\boldsymbol{w}$ の事後分布 $p(\boldsymbol{w}|D)$ は,$\boldsymbol{w}$ の関数として

$$p(\boldsymbol{w}|D) \propto p(\boldsymbol{w}) \prod_{i=1}^{n} \tau(y_i \boldsymbol{x}_i^T \boldsymbol{w})$$

を満たします.点 $\boldsymbol{x}$ でのラベル y の予測分布は

$$\Pr(y|\boldsymbol{x}; D) = \int \tau(y\boldsymbol{x}^T\boldsymbol{w}) p(\boldsymbol{w}|D) \, d\boldsymbol{w}$$

と表せます.

13.3.1 事後分布の近似

回帰分析では，事前分布と観測誤差が正規分布に従うとき，事後分布を正確に計算することができました．判別の場合には，同じように計算を進められないため，適当な近似をして事後分布を求めることを考えます．

以下では，$\boldsymbol{x}^T\boldsymbol{w}$ の代わりに一般の関数 $f(\boldsymbol{x})$ を考え，$f(\boldsymbol{x})$ に対する事前分布や事後分布を求めるための計算法を紹介します．点 $\boldsymbol{x}$ におけるラベル y の確率は

$$\Pr(y|\boldsymbol{x}, f) = \tau(yf(\boldsymbol{x}))$$

で与えられるとします．適当なカーネル関数 $k(\boldsymbol{x}, \boldsymbol{x}')$ を定め，点 $\boldsymbol{x}_1, \ldots, \boldsymbol{x}_n$ 上のグラム行列を K とします．関数値 $\boldsymbol{f} = (f(\boldsymbol{x}_1), \ldots, f(\boldsymbol{x}_n))^T$ に対して事前分布

$$\boldsymbol{f} \sim N_n(\boldsymbol{0}, K)$$

を仮定します．ラベルの観測値 $\boldsymbol{y} = (y_1, \ldots, y_n)$ に対して，

$$p(\boldsymbol{y}|\boldsymbol{f}) = \prod_{i=1}^n \tau(y_i f(\boldsymbol{x}_i))$$

とおくと，$\boldsymbol{f}$ の事後分布 $p(\boldsymbol{f}|D)$ はベイズの公式から

$$p(\boldsymbol{f}|D) \propto p(\boldsymbol{f})p(\boldsymbol{y}|\boldsymbol{f})$$

となります．これを，ラプラス近似を使って正規分布で近似します．すなわち，事後分布の対数

$$\log p(\boldsymbol{f}|D) = -\frac{1}{2}\boldsymbol{f}^T K^{-1}\boldsymbol{f} + \log p(\boldsymbol{y}|\boldsymbol{f}) + (\boldsymbol{f} \text{によらない定数})$$

の最大値を達成する点を $\boldsymbol{f} = \widetilde{\boldsymbol{f}}$ とし，そのまわりでテイラー展開して近似します．

まず，適当な非線形最適化の手法を使って $\widetilde{\boldsymbol{f}}$ を求めます．行列 W を $\boldsymbol{f}$ に関するヘッセ行列

$$W = -\nabla\nabla \log p(\boldsymbol{y}|\widetilde{\boldsymbol{f}})$$

とすると，
$$\nabla\nabla \log p(\widetilde{\boldsymbol{f}}|D) = -K^{-1} - W$$
となるので，
$$\log p(\boldsymbol{f}|D) = -\frac{1}{2}(\boldsymbol{f}-\widetilde{\boldsymbol{f}})^T(W+K^{-1})(\boldsymbol{f}-\widetilde{\boldsymbol{f}}) + (その他の項)$$
が成り立ちます．統計モデル $p(\boldsymbol{y}|\boldsymbol{f})$ は $\tau(y_i f(\boldsymbol{x}_i))$ の積で表されるので，行列 W は対角行列です．結局，事後分布 $p(\boldsymbol{f}|D)$ は正規分布
$$N_n(\widetilde{\boldsymbol{f}}, (W+K^{-1})^{-1})$$
により近似できます．

■ 13.3.2 予測分布の近似

点 $\boldsymbol{x}$ における $f(\boldsymbol{x})$ の予測分布を近似する方法を紹介しましょう．回帰と同様に，関数値を予測したい点 $\boldsymbol{x}$ とデータ点 $\boldsymbol{x}_1,\dots,\boldsymbol{x}_n$ から定まるグラム行列を分散共分散行列に持つ $n+1$ 次元正規分布
$$\widetilde{\boldsymbol{f}} \sim N_{n+1}(\boldsymbol{0}, \widetilde{K}), \quad \widetilde{K} = \begin{pmatrix} k(\boldsymbol{x},\boldsymbol{x}) & \boldsymbol{k}(\boldsymbol{x})^T \\ \boldsymbol{k}(\boldsymbol{x}) & K_{\text{ob}} \end{pmatrix}$$
を，$\widetilde{\boldsymbol{f}} = (f(\boldsymbol{x}), f(\boldsymbol{x}_1),\dots,f(\boldsymbol{x}_n))$ の事前分布とします．このとき，$\bar{\boldsymbol{f}} = (f(\boldsymbol{x}_1),\dots,f(\boldsymbol{x}_n))$ の条件のもとで，$f(\boldsymbol{x})$ の分布は
$$f(\boldsymbol{x}) \sim N(\boldsymbol{k}(\boldsymbol{x})^T K_{\text{ob}}^{-1} \bar{\boldsymbol{f}}, k(\boldsymbol{x},\boldsymbol{x}) - \boldsymbol{k}(\boldsymbol{x})^T K_{\text{ob}}^{-1} \boldsymbol{k}(\boldsymbol{x})^T) \tag{13.4}$$
となります．一方，データ $D = \{(\boldsymbol{x}_1,y_1),\dots,(\boldsymbol{x}_n,y_n)\}$ が与えられたときの $\bar{\boldsymbol{f}}$ の事後分布は，13.3.1 項の計算から
$$\bar{\boldsymbol{f}} \sim N_n(\widetilde{\boldsymbol{f}}, (W+K_{\text{ob}}^{-1})^{-1})$$
で近似できます．したがって，$f(\boldsymbol{x})$ の事後分布は，式 (13.4) の分布を $\bar{\boldsymbol{f}}$ の分布に関して期待値をとることで得られます．その結果，$f(\boldsymbol{x})$ の分布は，期待値と分散共分散行列が次式で与えられる正規分布に従うことが分かります[*2]．

[*2] 一般に，正則行列 K, W に対して $W+K^{-1}$ が正則なら $K^{-1} - K^{-1}(W+K^{-1})^{-1}K^{-1} = (K+W^{-1})^{-1}$ が成立します．

$$\mathbb{E}[f(\boldsymbol{x})] = \boldsymbol{k}(\boldsymbol{x})^T K_{\mathrm{ob}}^{-1} \widetilde{\boldsymbol{f}} \tag{13.5}$$

$$\begin{aligned}\mathbb{V}[f(\boldsymbol{x})] &= \boldsymbol{k}(\boldsymbol{x})^T K_{\mathrm{ob}}^{-1}(W + K_{\mathrm{ob}}^{-1})^{-1} K_{\mathrm{ob}}^{-1} \boldsymbol{k}(\boldsymbol{x}) \\ &\quad + k(\boldsymbol{x},\boldsymbol{x}) - \boldsymbol{k}(\boldsymbol{x})^T K_{\mathrm{ob}}^{-1} \boldsymbol{k}(\boldsymbol{x}) \\ &= k(\boldsymbol{x},\boldsymbol{x}) - \boldsymbol{k}(\boldsymbol{x})^T (K_{\mathrm{ob}} + W^{-1})^{-1} \boldsymbol{k}(\boldsymbol{x}) \end{aligned} \tag{13.6}$$

次に，y の予測分布を計算します．統計モデル $\Pr(y|\boldsymbol{x},f) = \tau(yf(\boldsymbol{x}))$ の関数 $\tau(z)$ を，次の誤差関数とします．

$$\tau(z) = \frac{1}{\sqrt{2\pi}} \int_{-\infty}^{z} e^{-t^2/2} dt$$

$f(\boldsymbol{x})$ の事後分布を $N(\bar{f}, \lambda^2)$ と表します．ここで，$\bar{f}, \lambda^2$ はそれぞれ式 (13.5)，(13.6) で定まる値です．部分積分を用いると

$$\Pr(y|\boldsymbol{x},D) = \mathbb{E}_{f \sim N(\bar{f},\lambda^2)}[\tau(yf)] = \tau\left(\frac{y\bar{f}}{\sqrt{1+\lambda^2}}\right)$$

となることが分かります [28, 4.5 節]．誤差関数とシグモイド関数は，図 13.3 にあるように，適当にスケーリングすると関数の形状がほぼ一致します．このため，$\tau(z)$ がシグモイド関数の場合も，数値的にはほぼ同じ値が得られます．

以下に R による計算例を示します．mlbench パッケージにある spirals データを，ガウスカーネルを用いたガウス過程モデルで学習します．**gausspr** 関数はデフォルトではラプラス近似を使って，シグモイド関数から定義される確率値を計算します．

```
> library(kernlab)                                    # gausspr を使う
> library(mlbench)                                    # mlbench.spirals を使う
> # データ生成
> dat <- mlbench.spirals(200,cycles=1.2,sd=0.16)
> # ガウス過程モデルで学習：カーネルはガウスカーネル
> gp   <- gausspr(dat$x,dat$c,kernel="rbfdot")
> newx  <- matrix(seq(-1.2,1.2,length=100))
> newdat <- as.matrix(expand.grid(newx,newx))         # 2 次元の予測点
> GPf   <- predict(gp, newdat, type="prob")          # 予測値
> # プロット
> par(mfrow=c(1,2))
> plot(dat$x,col=dat$c,lwd=2,ann=FALSE)
> image(matrix(GPf[,1],length(newx)))
```

図 13.4 にプロットを示します．確率の推定値として，学習データを反映した結果が得られていることが確認できます．

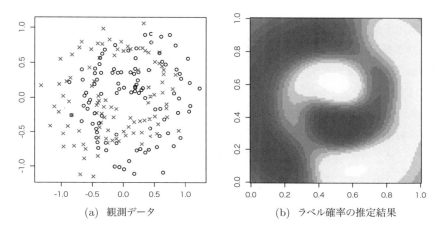

(a) 観測データ　　　　　　　(b) ラベル確率の推定結果

図 13.4　ガウスカーネルを用いたガウス過程モデルでラベル確率を推定

13.4　ベイズ最適化

ベイズ最適化は，点 x における $f(x)$ の値を逐次的に観測し，関数 f の形状を推定しながら最適化する手法です．次の問題を考えます．

$$\min_{\boldsymbol{x}\in\mathbb{R}^d} f(\boldsymbol{x})$$

関数値 $f(\boldsymbol{x})$ を計算するのに非常に時間がかかる状況を想定します．このような最適化問題を解くとき，関数値の評価回数をできるだけ少なくすることが求められます．

例えば深層学習で用いられるような大規模な統計モデルの学習において，正則化パラメータなどのモデルパラメータを決める問題を考えましょう．関数 $f(\boldsymbol{x})$ として，モデルパラメータ $\boldsymbol{x}$ を用いたときの検証誤差がよく利用されます．検証誤差を計算するためには学習アルゴリズムを何回か実行する必要があり，計算コストが大きくなりがちです．モデルパラメータが 2, 3 次元のときはグリッド探索がよく用いられますが，それより次元が高くなるとベイズ最適化が有効です．

13.4.1 ベイズ最適化とガウス過程モデル

関数の形状を推定するには，ガウス過程モデルが有用です．なぜなら，回帰関数を推定するときのように，関数値の推定精度を事後確率から簡単に見積もることができるからです．最適化をスムーズに進めるためには，関数の形状の推定と最適点の探索の間でバランスをとることが重要です．このとき，関数値の分散の情報は有用です．

関数の推定と最適点の探索のどちらを優先するかの基準として，バンディット問題の解析で発展している**獲得関数**（acquisition function）を用いる方法を紹介しましょう．データ点 $\boldsymbol{x}_i$ における関数値 y_i の組 $(\boldsymbol{x}_1, y_1), \ldots, (\boldsymbol{x}_n, y_n)$ が得られているとします．ここで，$y_i = f(\boldsymbol{x}_i)$ $(i = 1, \ldots, n)$ です．データ点の上での最小値

$$\widehat{f} = \min_i y_i$$

と，それに対応する点 $\widehat{\boldsymbol{x}}$（それまでの最適解）が得られている状況を考えます．ガウス過程モデルにより，任意の点 $\boldsymbol{x}$ における $f(\boldsymbol{x})$ の推定値 $\mu(\boldsymbol{x})$ とその分散 $v(\boldsymbol{x})$ が得られているとします．具体的には，式 (13.3) の期待値と分散です．ガウス過程モデルによる推定法の特性から，$\mu(\boldsymbol{x}_i) = y_i$ $(i = 1, \ldots, n)$ が成立しています．

ここで，**期待改善量**（expected improvement; EI）$a_{\mathrm{EI}}(\boldsymbol{x})$ を

$$\begin{aligned} a_{\mathrm{EI}}(\boldsymbol{x}) &= \mathbb{E}_{Z \sim N(\mu(\boldsymbol{x}), v(\boldsymbol{x}))}[\max\{0, \widehat{f} - f(Z)\}] \\ &= (\widehat{f} - \mu(\boldsymbol{x}))\Phi(\widehat{f}; \mu(\boldsymbol{x}), v(\boldsymbol{x})) + v(\boldsymbol{x})\phi(\widehat{f}; \mu(\boldsymbol{x}), v(\boldsymbol{x})) \end{aligned} \quad (13.7)$$

と定義します．関数 $\Phi(f; \mu, v)$ は，期待値 μ，分散 v の正規分布の分布関数の f における値です．また，$\phi(f; \mu, v)$ は，対応する確率密度関数の f における値を表します．期待改善量を用いるベイズ最適化では，$a_{\mathrm{EI}}(\boldsymbol{x})$ を最大にする $\boldsymbol{x}$ を求め，その点における $f(\boldsymbol{x})$ の値を観測します．期待改善量は獲得関数の一例になっています．ほかにも，改善する確率を表す**確率改善量**（probability of improvement; PI）や**上側信頼限界**（upper confidence bound; UCB）を獲得関数として用いることがあります．UCB の獲得関数は

$$a_{\text{UCB}}(\boldsymbol{x}) = \mu(\boldsymbol{x}) - \kappa\sqrt{v(\boldsymbol{x})} \tag{13.8}$$

で与えられます．ここで，$\kappa > 0$ は推定の不確実性に対する重みで，適当な値に設定します．これは，信頼区間の下限が最も小さくなる点を選ぶことに相当します．UCB の考え方はもともと最大化問題に対して構成されていたため「上側」と呼ばれますが，本節の定式化では「下側」になっていることに注意してください．これらの獲得関数には，関数 $f(\boldsymbol{x})$ に比べて計算しやすいという前提条件があります．

ベイズ最適化の手順を図 13.5 に示します．

■ ベイズ最適化

初期設定： 繰り返し数 T，ガウス過程モデルのカーネル関数，獲得関数 $a(\boldsymbol{x})$，関数評価の初期点 $\boldsymbol{x}_1$ を定める．

反復： $t = 1, \ldots, T$ として，step 1 から step 4 を繰り返す．

　step 1. $\boldsymbol{x}_t$ に対する関数値の推定値 y_t を得る．
　step 2. これまでの最適値 $\widehat{f} = \min_{t'} y_{t'}$ と対応する最適解 $\boldsymbol{x}_{\text{opt}} \in \{\boldsymbol{x}_1, \ldots, \boldsymbol{x}_t\}$ を求める．
　step 3. 獲得関数 $a(\boldsymbol{x})$ を構成する．
　step 4. $a(\boldsymbol{x})$ の最小値を達成する解を $\boldsymbol{x}_{t+1}$ とする．

出力： ベイズ最適化の解：最適値 $\widehat{f}$ を達成するデータ点 $\boldsymbol{x}_{\text{opt}}$

図 13.5　ベイズ最適化のアルゴリズム

13.4.2　ベイズ最適化によるモデル選択

ガウスカーネルを用いるサポートベクトルマシンは，正則化パラメータ C とカーネルパラメータ σ を含みます．ベイズ最適化を用いて，これらを調整することができます．以下に簡単な例を示します．R ではベイズ最適化のためのパッケージとして rBayesianOptimization が提供されています．関数は `BayesianOptimization` です．デフォルトで関数 $f(\boldsymbol{x})$ を最大化するように実装されています．この点に注意してください．

まず，ベンチマークデータを生成します．

```
> library(rBayesianOptimization)   # BayesianOptimization を使う
> library(kernlab)                 # ksvm を使う
> library(mlbench)                 # mlbench.spirals を使う
> dat <- mlbench.spirals(100,cycles=1.2,sd=0.16)   # データ生成
```

次に，このデータに対する検証誤差を計算する関数を定義します．返り値として Score と Pred を定義する必要があります．Score が最大化する関数の値，Pred が交差検証法などによる予測値です．ここでは，これらを同じ値に設定します．最大化するため，1 から検証誤差を引いた予測精度の値を目的関数とします．

```
> # 目的関数を定義
> ksvm_CVaccuracy <- function(logC, logsig){
+   sv <- ksvm(dat$x,dat$c,kernel ="rbfdot",
+              kpar=list(sigma=10^logsig), C=10^logC, cross=5)
+   list(Score=1-cross(sv),Pred=1-cross(sv))
+ }
```

logC と logsig はそれぞれ，正則化パラメータ C の（10 を底とする）対数とカーネル幅の対数です．これらの探索範囲を設定します．

```
> # カーネル幅の範囲をデータから決める
> sig <- sigest(dat$x)
> # logC と logsig の範囲を決め，リスト形式の変数 bounds に格納
> bounds <- list(logC=c(-5,10),logsig=c(log(sig[1]/10,10),
+                log(sig[3]*10,10)))
```

関数 **BayesianOptimization** のオプション acq で獲得関数を指定し，初期値をうまく決めるために関数を評価する回数を init_points で設定します．verbose オプションを TRUE とすると，計算の途中経過が表示されます．以下，獲得関数を式 (13.8) で定まる UCB（ただし $\kappa = 1$）として実行します．オプションは acq="ucb", kappa=1 とします．

13.4 ベイズ最適化

```
> # UCB を獲得関数に設定. ベイズ最適化を実行
> BOres <- BayesianOptimization(ksvm_CVaccuracy,
+   bounds=bounds,
+   init_points=10,n_iter=1,
+   acq="ucb",kappa=1,verbose=TRUE)
```

計算結果を表示します.

```
> BOres
$Best_Par
     logC     logsig
 3.022327 -1.326396
$Best_Value
[1] 0.81
$History
    Round       logC      logsig Value
 1:     1 -0.2917915  0.4528020  0.69
 2:     2 -0.1873546 -1.8543742  0.49
 3:     3 -0.6846458 -0.5189316  0.44
 4:     4  3.5151598 -1.6640970  0.77
 5:     5  7.7255178  1.9071346  0.73
 6:     6  7.3739647  1.7282051  0.74
 7:     7  2.2826514 -3.0868300  0.52
 8:     8 -2.1952580  0.1713976  0.40
 9:     9  2.2929253 -2.2090312  0.65
10:    10 -0.5223038  2.0645551  0.49
11:    11  3.0223269 -1.3263955  0.81
(以下省略)
```

この例ではラウンド数は 11 回で,Round 11 の値が 0.81 となり,最大になっています.探索範囲内のパラメータでは logC = 3.022327, logsig = −1.326396 が得られました.

次に,獲得関数として期待改善量を適用します.オプション acq を ei に設定します.

```
> # ベイズ最適化を実行
> BOres <- BayesianOptimization(ksvm_CVaccuracy,
+   bounds=bounds,
+   init_points=10, n_iter=1,
+   acq="ei",eps=0.0)
> BOres
$Best_Par
     logC    logsig
 4.924939 -1.536194
$Best_Value
[1] 0.73
$History
    Round        logC     logsig Value
 1:     1   4.9249388 -1.5361945  0.73
 2:     2   9.7040978 -2.4524474  0.53
 3:     3   0.4943166  1.4281833  0.73
 4:     4   7.8665839 -2.2537956  0.63
 5:     5  -3.3278812 -3.5203822  0.36
 6:     6   1.3961317 -0.8666410  0.72
 7:     7   9.2871651  2.3841212  0.68
 8:     8   9.3234158 -3.9026444  0.48
 9:     9   6.6278003 -0.8333640  0.67
10:    10  -1.2565149 -3.1961976  0.40
11:    11   2.0391595  0.3575894  0.67
(以下省略)
```

オプション eps は期待改善量のしきい値を調整するパラメータです．本書で示した式 (13.7) は，eps $= 0$ に対応しています．期待改善量を用いると，ラウンド数は 11 回で，logC $= 4.924939$, logsig $= -1.536194$ が解として得られました．

第14章
密度比推定

密度比とは,二つの確率密度関数の比として定義される関数です.統計学や機械学習のさまざまな問題において,密度比を推定することで適切な推論が行えます.本章では,近年進展している密度比推定の方法について説明します.参考文献として [29], [30] などがあります.

本章で使うパッケージ
- mlbench:データの例
- kernlab:カーネル法
- Hotelling:ホテリングの T^2 検定
- doParallel:並列計算

14.1 密度比とその応用

二つの確率密度関数 $p_\mathrm{d}(\boldsymbol{x})$, $p_\mathrm{n}(\boldsymbol{x})$ の比として表される関数

$$w_0(\boldsymbol{x}) = \frac{p_\mathrm{n}(\boldsymbol{x})}{p_\mathrm{d}(\boldsymbol{x})}$$

を**密度比**といいます(図 14.1).分母の確率密度を $p_\mathrm{d}(\boldsymbol{x})$,分子の確率密度を $p_\mathrm{n}(\boldsymbol{x})$ とします.添字の d, n は,それぞれ denominator(分母), numerator(分子)を意味します.

密度比は機械学習や統計的推論のさまざまな問題に現れます.例えば,以下のような問題において密度比は重要な役割を果たします.

- 共変量シフトのもとでの回帰分析
- ダイバージェンス推定
  - L_1 距離やカルバック-ライブラーダイバージェンスの推定:2 標本検

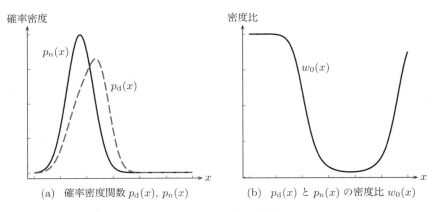

(a) 確率密度関数 $p_d(x), p_n(x)$ (b) $p_d(x)$ と $p_n(x)$ の密度比 $w_0(x)$

図 14.1 確率密度と密度比

定への応用
- 相互情報量の推定：次元削減，独立成分分析

- 異常値検出

以下では，密度比の推定法について解説し，共変量シフトのもとでの回帰分析と2標本検定への応用を紹介します．

14.2 密度比の推定

密度比の推定法を説明しましょう．次のようなデータが得られているとします．

$$\boldsymbol{x}'_1, \ldots, \boldsymbol{x}'_m \underset{\text{i.i.d.}}{\sim} p_n(\boldsymbol{x}), \quad \boldsymbol{x}_1, \ldots, \boldsymbol{x}_n \underset{\text{i.i.d.}}{\sim} p_d(\boldsymbol{x})$$

$w_0(\boldsymbol{x}) = p_n(\boldsymbol{x})/p_d(\boldsymbol{x})$ を推定するための方法として，次の2通りを考えることができます．

1. $p_n(\boldsymbol{x}), p_d(\boldsymbol{x})$ を個別に推定し，比をとる．
2. $p_n(\boldsymbol{x})/p_d(\boldsymbol{x})$ を直接推定する．

最初の方法は，既存の確率密度の推定法をそのまま用いることができます．データ $\boldsymbol{x}$ が2次元や3次元の場合には，精度良く密度比を推定できますが，そ

れより次元が高くなると，推定精度は急速に悪化することが経験的に知られています．これは，3次元より高い次元では，確率密度関数のノンパラメトリック推定が不安定になるためです．特に分母の確率密度 $p_d(\boldsymbol{x})$ の推定が不安定になると，密度比 $w_0(\boldsymbol{x})$ の推定に大きく影響します．

これに対して，2番目の方法である密度比を直接推定する方法は，データの次元がある程度高い場合でも安定した推定が行えます．本節では，こちらの方法について紹介します．

密度比の推定では，2乗損失を最小化します．関数 $w(\boldsymbol{x})$ と密度比 $p_n(\boldsymbol{x})/p_d(\boldsymbol{x})$ の2乗誤差を

$$\frac{1}{2}\int\left(w(\boldsymbol{x})-\frac{p_n(\boldsymbol{x})}{p_d(\boldsymbol{x})}\right)^2 p_d(\boldsymbol{x})d\boldsymbol{x}$$

と定めます．密度比を $w=w_0=p_n/p_d$ とすると，上式は最小値0をとります．2乗を展開すると

$$\frac{1}{2}\int w(\boldsymbol{x})^2 p_d(\boldsymbol{x})d\boldsymbol{x} - \int w(\boldsymbol{x})p_n(\boldsymbol{x})d\boldsymbol{x} + (w\text{によらない項}) \tag{14.1}$$

となります．これをデータの標本平均で近似し，w に依存しない項を除いて，損失関数 $\mathrm{loss}(w)$ を

$$\mathrm{loss}(w) = \frac{1}{2n}\sum_{i=1}^{n}w(\boldsymbol{x}_i)^2 - \frac{1}{m}\sum_{i=1}^{m}w(\boldsymbol{x}'_j) \tag{14.2}$$

と定義します．損失 $\mathrm{loss}(w)$ に密度比の統計モデルを代入し，モデル上で $\mathrm{loss}(w)$ を最小化することで，密度比 $w_0(\boldsymbol{x})$ の推定を行います．

カーネル法による密度比の推定法 [31] を示しましょう．カーネル関数を

$$k(\boldsymbol{x},\boldsymbol{x}') = \phi(\boldsymbol{x})^T\phi(\boldsymbol{x}'), \quad \phi(\boldsymbol{x}) = (\phi_1(\boldsymbol{x}),\ldots,\phi_D(\boldsymbol{x}))^T$$

とします（$D=\infty$ も可）．密度比の統計モデルとして

$$w(\boldsymbol{x}) = \sum_{d}\theta_d\phi_d(\boldsymbol{x}) \quad (\theta_1,\ldots,\theta_D\in\mathbb{R})$$

を考えます．データへの過剰適合を避けるために正則化項を導入し，

$$\mathrm{loss}(w) + \frac{\lambda}{2}\sum_{d=1}^{D}\theta_d^2 \tag{14.3}$$

を統計モデル上で最小化して,密度比を推定します.ここで,λ は正則化パラメータであり,正の値に設定されます.

カーネル回帰分析やカーネルサポートベクトルマシンと同様にして,密度比 $w(\boldsymbol{x})$ の最適解は $k(\boldsymbol{x}, \boldsymbol{x}_i)$, $k(\boldsymbol{x}, \boldsymbol{x}'_j)$ ($i = 1, \ldots, m$, $j = 1, \ldots, n$) の線形和で表せることが分かります.さらに最適性条件を調べると,最適解は適当な実数 $\alpha_1, \ldots, \alpha_m$ を用いて

$$w(\boldsymbol{x}) = \sum_{i=1}^{n} \alpha_i k(\boldsymbol{x}, \boldsymbol{x}_i) + \frac{1}{m\lambda} \sum_{j=1}^{m} k(\boldsymbol{x}, \boldsymbol{x}'_j)$$

と表せることが分かります.これを正則化項付きの損失関数に代入し,パラメータ $\alpha_1, \ldots, \alpha_n$ に関して最適化することで密度比を推定できます.パラメータ $\boldsymbol{\alpha} = (\alpha_1, \ldots, \alpha_n)^T$ に関する極値条件から,次の線形方程式を解けばよいことが確認できます.

$$(K_{\mathrm{dd}} + n\lambda I_n)\boldsymbol{\alpha} = -\frac{1}{m\lambda} K_{\mathrm{dn}} \mathbf{1}_m$$

ここで,グラム行列 K_{dd}, K_{dn} とベクトル $\mathbf{1}_m$ は,次のように定義されます.

$$\begin{aligned}(K_{\mathrm{dd}})_{ij} &= k(\boldsymbol{x}_i, \boldsymbol{x}_j) \quad (i, j = 1, \ldots, n) \\ (K_{\mathrm{dn}})_{ij} &= k(\boldsymbol{x}_i, \boldsymbol{x}'_j) \quad (i = 1, \ldots, n, \ j = 1, \ldots, m) \\ \mathbf{1}_m &= (1, \ldots, 1)^T \in \mathbb{R}^m \end{aligned}$$

カーネル法による密度比推定法を R で実装した例を示しましょう.まず,データから上記のパラメータ $\boldsymbol{\alpha}$ を推定する関数 kernDR を定義します.次に,密度比の予測値を計算する関数 **predict.DR** を定義します.どちらも同じファイル (funcDR.r) に保存しておきます.データは,データ数 × 次元のサイズのデータ行列 de (p_d からのデータ) と nu (p_n からのデータ) によって与えられるとします.

```
# ファイル funcDR.r に記述しておく
#
# ガウスカーネルによる密度比推定 (係数αを計算): kernlab パッケージが必要
# de, nu:p_d と p_n から得られたデータ行列
```

```
# sigma：カーネル幅パラメータ
# lambda：正則化パラメータ
kernDR <- function(de,nu,
            sigma=sigest(rbind(de,nu))[2],
            lambda=min(nrow(de),nrow(nu))^(-0.9)){
  # データ数
  n <- nrow(de); m <- nrow(nu)
  # グラム行列の計算
  Kdd <- kernelMatrix(rbfdot(sigma=sigma), de)
  Kdn <- kernelMatrix(rbfdot(sigma=sigma), de, nu)
  # 係数αを求める
  alpha <- as.vector(solve(Kdd+n*lambda*diag(n),-rowMeans(Kdn)/lambda))
  # 出力
  list(alpha=alpha,sigma=sigma,lambda=lambda,dat=list(de=de,nu=nu))
}
```

関数 kernDR では，推定に用いるガウスカーネルのカーネル幅に対して，データ間の距離の中央値を使うというヒューリスティクスを用いています．また，正則化パラメータ λ は $1/\min\{n,m\}^{0.9}$ と設定しています．べき乗 0.9 を一般に β とすると，$0.5 < \beta < 1$ のとき密度比推定の理論的な収束性（統計的一致性）が保証されています．

```
# ファイル funcDR.r に記述しておく
#
# 密度比の値を推定：kernlab パッケージが必要
# res：kernDR の出力，newdat：予測点
predict.DR <- function(res,newdat){
  # カーネル密度比推定のそれぞれの項を計算
  Wde <- kernelMult(rbfdot(sigma=res$sigma),
                    newdat,res$dat$de,res$alpha)
  Wnu <- rowMeans(kernelMatrix(rbfdot(sigma=res$sigma),
                    newdat,res$dat$nu))/res$lambda
  # 出力：予測点上での密度比の値
  c(pmax(Wde + Wnu,0))
}
```

2乗損失による密度比の推定量は非負性が保証されません[*1]. **predict.DR** の返り値では，非負性を保証するように修正しています．

次のような1次元データで密度比を推定しましょう．

$$x'_1, \ldots, x'_{100} \sim p_\mathrm{n} : \text{正規分布}\quad N(-0.5, 1)$$

$$x_1, \ldots, x_{200} \sim p_\mathrm{d} : \text{混合正規分布}\quad \frac{1}{2}N(-0.5, 1) + \frac{1}{2}N(1, 0.8)$$

kernlabパッケージと上で定義した関数 **kernDR, predict.DR** を読み込んでおきます．まず，真の密度比を計算してプロットします．

```
> library(kernlab)                      # kernelMatrix, kernMult を使う
> source('funcDR.r')                    # kernDR, predict.DR
> # データ設定
> n <- 100; m <- 200
> de_mean <- 1    ; de_sd <- 0.8
> nu_mean <- -0.5; nu_sd <- 1
> # 予測点
> newdat <- matrix(seq(-4,4,l=500))
> # 真の密度比を計算
> tnu <-  dnorm(newdat, mean=nu_mean, sd=nu_sd)
> tde <- (dnorm(newdat, mean=de_mean, sd=de_sd)+tnu)/2
> tw <- tnu/tde                         # 予測点上での真の密度比
> # 真の密度比をプロット
> plot(newdat,tw,lwd=2,col=1,type='l')
```

続いて，データを生成し密度比を推定します．

```
> # データ生成
> nu <- matrix(   rnorm(n, mean=nu_mean, sd=nu_sd))
> de <- matrix(c(rnorm(n, mean=de_mean, sd=de_sd),
+                rnorm(n, mean=nu_mean, sd=nu_sd)))
> # 以下のカーネル幅で推定
> sigmas <- c(0.01, 0.1, 1)
```

[*1] データ数が十分多ければ高い確率で真の密度比に収束することは，保証されています．

```
> for(sigma in sigmas){
+   res  <- kernDR(de,nu,sigma=sigma)         # 推定
+   pred <- predict.DR(res,newdat)            # 予測
+   lines(newdat,pred,col=2,lwd=2,lty=2)      # プロット
+ }
> 
```

分かりやすくするため，データ点も同じグラフ上にプロットしておきます（図14.2）．

```
> points(cbind(nu,0.2),col=3)
> points(cbind(de,0.1),col=4)
```

図 14.2 より，モデルパラメータであるカーネル幅などを適切に選べば，データから密度比を適切に推定できることが分かります．

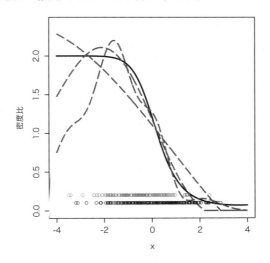

図 14.2 密度比推定の結果．実線は真の密度比．3 本の破線はそれぞれ 3 種類のカーネル幅で推定した密度比．下方の点は p_n と p_d からのデータ点．

14.3 密度比推定のための交差検証法

良い推定精度を達成するためには，カーネル関数に含まれるカーネルパラメータや正則化パラメータなど，モデルパラメータを適切に選ぶことが重要です．このための方法として交差検証法がよく用いられます．ここでは，密度比推定に対する交差検証法を紹介します．

密度比推定では，損失として $\mathrm{loss}(w)$ を用いています．そこで，式 (14.2) の $\mathrm{loss}(w)$ を評価尺度として交差検証法を実行します．データは $p_\mathrm{d}(\boldsymbol{x})$ と $p_\mathrm{n}(\boldsymbol{x})$ のそれぞれから得られているので，それぞれ分割する必要があります．密度比推定のための K 重交差検証法を図 14.3 に示します．二つのデータセットを使った交差検証法により，密度比のモデルパラメータを適切に決めることができます．

■ 密度比推定の K 重交差検証法

step 1. データ $\mathcal{D}_\mathrm{de} = \{x_i\}_{i=1}^n$, $\mathcal{D}_\mathrm{nu} = \{x'_j\}_{j=1}^m$ をそれぞれほぼ同じサイズの K グループに分割し，$\mathcal{D}_{\mathrm{de},\ell}, \mathcal{D}_{\mathrm{nu},\ell}$ $(\ell = 1, \ldots, K)$ とする．

$$\mathcal{D}_\mathrm{de} = \bigcup_{\ell=1}^K \mathcal{D}_{\mathrm{de},\ell}, \quad \mathcal{D}_\mathrm{nu} = \bigcup_{\ell=1}^K \mathcal{D}_{\mathrm{nu},\ell}$$

step 2. $\mathcal{D}_{\mathrm{de},\ell}, \mathcal{D}_{\mathrm{nu},\ell}$ を除いたデータで，密度比 $\widehat{w}_\ell(x)$ $(\ell = 1, \ldots, K)$ を推定する．

step 3. $\mathcal{D}_{\mathrm{de},\ell}, \mathcal{D}_{\mathrm{nu},\ell}$ を使って損失 $\mathrm{loss}(\widehat{w}_\ell)$ の近似値 $\widehat{\mathrm{loss}}_\ell$ $(\ell = 1, \ldots, K)$ を計算する（データの分布に関する期待値を $\mathcal{D}_{\mathrm{de},\ell}, \mathcal{D}_{\mathrm{nu},\ell}$ に関する平均で置き換える）．

step 4. 損失の推定値：$\widehat{\mathrm{loss}} = \dfrac{1}{K} \displaystyle\sum_{\ell=1}^K \widehat{\mathrm{loss}}_\ell$

図 14.3 密度比推定のための K 重交差検証法

適切なモデルパラメータを選択するために，R を使って交差検証法の計算を実行します．前節と同じ設定で，データ `nu`, `de`, `newdat` が生成されているとします．まず，モデルパラメータの候補を設定します．

14.3 密度比推定のための交差検証法

```
> # 必要なら kernlab, funcDR.r を読み込み
> # library(kernlab)
> # source("funcDR.r")
> library(doParallel)                              # foreach を使う
> cl <- makeCluster(detectCores())                 # クラスタの作成
> registerDoParallel(cl)
> # データ nu, de, newdat は生成済み
> K <- 5                                           # K 重交差検証法の K を設定
> m <- nrow(nu);  n <- nrow(de);                   # データ数を取得
> # カーネル幅パラメータの候補 sigmas を生成
> s <- sigest(rbind(de,nu))[1]
> sigmas  <- exp(seq(log(s/100),log(s*10),l=20))
> # λは一つ固定 (いくつかの候補を並べたベクトルでも可)
> lambdas <- min(m,n)^(-0.9)
> # モデルパラメータの候補
> modelpars <- expand.grid(sigmas,lambdas)
```

次に交差検証法を実行します.

```
> # それぞれのデータを 5 グループに分ける
> idx_nu <- rep(1:K,ceiling(m/K))[1:m]
> idx_de <- rep(1:K,ceiling(n/K))[1:n]
> cvloss <- foreach(i=1:nrow(modelpars),.combine=c,
+                   .packages="kernlab")%dopar%{   # 並列計算
+   # モデルパラメータ設定
+   sigma <- modelpars[i,1]; lambda <- modelpars[i,2]
+   tmpcvloss <- c()
+   for(cvk in 1:K){                               # 交差検証法の計算
+     # トレーニングデータ
+     trnu <- nu[idx_nu!=cvk,,drop=FALSE]
+     trde <- de[idx_de!=cvk,,drop=FALSE]
+     # テストデータ
+     tenu <- nu[idx_nu==cvk,,drop=FALSE]
+     tede <- de[idx_de==cvk,,drop=FALSE]
+     # 指定されたモデルパラメータで密度比を推定
+     res <- kernDR(trde,trnu,sigma=sigma,lambda=lambda)
+     # 検証誤差の計算
+     wnu <- predict.DR(res,tenu)
+     wde <- predict.DR(res,tede)
```

```
+       tmpcvloss <- c(tmpcvloss, mean(wde^2)/2-mean(wnu))
+     }
+     mean(tmpcvloss)
+ }
> stopCluster(cl)                              # 並列計算を終了
```

各モデルパラメータでの検証誤差が cvloss に格納されています．これを最小にするモデルパラメータを採用し，すべてのデータを使って密度比を推定します．

```
> # 最適なモデルパラメータ
> opt_sigma  <- modelpars[which.min(cvloss),1]
> opt_lambda <- modelpars[which.min(cvloss),2]
> # 最適なモデルパラメータで密度比を推定・予測
> res <- kernDR(de,nu,sigma=opt_sigma,lambda=opt_lambda)
> pred <- predict.DR(res,newdat)
```

各モデルパラメータにおける検証誤差を図 14.4 (a) にプロットします．また，いくつかのモデルパラメータにおける密度比と真の密度比を図 14.4 (b) にプロッ

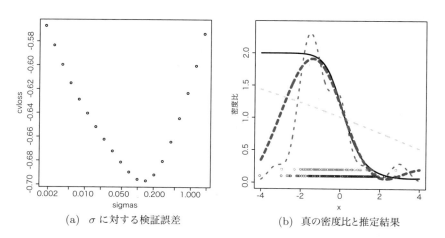

(a) σ に対する検証誤差 (b) 真の密度比と推定結果

図 14.4 交差検証法によるモデルパラメータの選択．(a) カーネル幅パラメータ σ に対して 5 交差検証法による密度比損失の推定値をプロット．(b) 実線は真の密度比，太い破線は最適なカーネル幅パラメータ σ による推定，細い破線は $\sigma = 0.0018$ と $\sigma = 1.8117$ のときの推定結果．下方の点は p_n と p_d からのデータ点．

トします．交差検証法により，データが観測された範囲では適切にモデルパラメータが選択されていることが分かります．

14.4 共変量シフトのもとでの回帰分析

共変量シフトについて説明しましょう．回帰関数を推定する問題を考えます．入力 $\boldsymbol{x}$ に対する出力 y は，関数 $f(\boldsymbol{x})$ と観測誤差 ε から

$$y = f(\boldsymbol{x}) + \varepsilon$$

のように定まるとします．ここで，トレーニングデータとテストデータで入力 $\boldsymbol{x}$ の分布は必ずしも一致しないとします．すなわち，次のような設定を考えます．

$$\text{トレーニングデータ：} \quad (\boldsymbol{x}, y) \sim p(y|\boldsymbol{x})p_\mathrm{d}(\boldsymbol{x})$$
$$\text{テストデータ：} \quad (\boldsymbol{x}, y) \sim p(y|\boldsymbol{x})p_\mathrm{n}(\boldsymbol{x})$$

ここで，$p(y|\boldsymbol{x})$ は $\boldsymbol{x}$ が与えられたときの y の条件付き分布で，ε の分布と関数 $f(\boldsymbol{x})$ から定まります．条件付き分布 $p(y|\boldsymbol{x})$ はトレーニングデータとテストデータで共通とします．一方，$\boldsymbol{x}$ の分布は，トレーニングデータでは $p_\mathrm{d}(\boldsymbol{x})$，テストデータでは $p_\mathrm{n}(\boldsymbol{x})$ となっていて，同じ分布に従うことは仮定していません．このような状況を**共変量シフト**と呼びます．

共変量シフトが生じているとき，回帰関数の推定に通常の最小 2 乗法を用いると，推定バイアスが生じてしまいます．すなわち，大数の法則から

$$\frac{1}{n}\sum_{i=1}^{n}(y_i - f(\boldsymbol{x}_i))^2 \approx \int (y - f(\boldsymbol{x}))^2 p(y|\boldsymbol{x}) p_\mathrm{d}(\boldsymbol{x}) dy d\boldsymbol{x}$$

となるので，上式左辺を最小にする関数 $f(\boldsymbol{x})$ が分布 $p(y|\boldsymbol{x})p_\mathrm{n}(\boldsymbol{x})$ のもとでも誤差が小さいとは限りません．

バイアスを補正するために密度比を使います．密度比 $w_0(\boldsymbol{x}) = p_\mathrm{n}(\boldsymbol{x})/p_\mathrm{d}(\boldsymbol{x})$ が既知と仮定すると，大数の法則から

$$\frac{1}{n}\sum_{i=1}^{n} w_0(\boldsymbol{x}_i)(y_i - f(\boldsymbol{x}_i))^2 \approx \int \frac{p_\mathrm{n}(\boldsymbol{x})}{p_\mathrm{d}(\boldsymbol{x})}(y - f(\boldsymbol{x}))^2 p(y|\boldsymbol{x}) p_\mathrm{d}(\boldsymbol{x}) dy d\boldsymbol{x}$$
$$= \int (y - f(\boldsymbol{x}))^2 p(y|\boldsymbol{x}) p_\mathrm{n}(\boldsymbol{x}) dy d\boldsymbol{x}$$

が成り立ちます．したがって，重み $w_0(\boldsymbol{x})$ を用いた重み付き最小 2 乗法を適用すれば，分布 $p(y|\boldsymbol{x})p_{\mathrm{n}}(\boldsymbol{x})$ のもとで誤差が小さい回帰関数を推定できます．

実際には密度比を推定する必要があります．観測データとして

$$(\boldsymbol{x}_1, y_1), \ldots, (\boldsymbol{x}_n, y_n) \underset{\mathrm{i.i.d.}}{\sim} p(y|\boldsymbol{x})p_{\mathrm{d}}(\boldsymbol{x})$$
$$\boldsymbol{x}'_1, \ldots, \boldsymbol{x}'_m \underset{\mathrm{i.i.d.}}{\sim} p_{\mathrm{n}}(\boldsymbol{x})$$

が得られているとします．このとき，図 14.5 に示す手順で密度比と回帰関数を推定します．

■ 共変量シフトのもとでの回帰分析

step 1. データ $\{\boldsymbol{x}_i\}_{i=1}^n, \{\boldsymbol{x}'_j\}_{j=1}^m$ から密度比を推定する．

$$\widehat{w}(\boldsymbol{x}) \approx \frac{p_{\mathrm{n}}(\boldsymbol{x})}{p_{\mathrm{d}}(\boldsymbol{x})}$$

step 2. 重み $\widehat{w}(\boldsymbol{x})$ を用いた重み付き最小 2 乗法により，設定した統計モデルの範囲で回帰関数を推定する．

$$\min_{f:\text{統計モデル}} \frac{1}{n} \sum_{i=1}^n \widehat{w}(\boldsymbol{x}_i)(y_i - f(\boldsymbol{x}_i))^2 \longrightarrow \widehat{f}(\boldsymbol{x})$$

図 14.5　共変量シフトのもとでの回帰分析

例を示しましょう．データを次のように生成します．

$$\begin{cases} x_1, \ldots, x_n \sim N(-1.4, 0.7^2) \\ y_i = f(x_i) + \varepsilon_i, \quad \varepsilon_i \sim N(0, 2^2) \end{cases} \quad x'_1, \ldots, x'_m \sim N(0.8, 0.8^2)$$

関数 $f(x)$ を

$$f(x) = x(x+2)(x-3)$$

とします．データ数を $m = n = 100$ とすると，図 14.6 のようになります．推定には線形モデル

$$y = \theta_0 + \theta_1 x + \varepsilon$$

14.4 共変量シフトのもとでの回帰分析

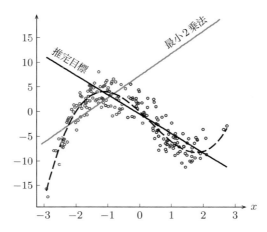

図 14.6 共変量シフトのもとでのトレーニングデータとテストデータの分布

を用います．設定した統計モデルは真の回帰関数を含みません．共変量シフトの効果のため，通常の最小 2 乗法では回帰関数をうまく推定できません．そこで，密度比推定を使った重み付き最小 2 乗法で推定を行います．まず，データを生成します．

```
> f <- function(x){(x+2)*x*(x-3)}      # 真の関数
> ntr <- 100; nte <- 100               # データ数
> # 分布のパラメータ設定
> mtr <- -1.4; sdtr <- 0.7
> mte <-  0.8; sdte <- 0.8
> # トレーニングデータ生成
> xtr <- matrix(rnorm(ntr,mean=mtr,sd=sdtr))
> ytr <- f(xtr) + rnorm(ntr,sd=2)
> # テストデータ生成
> xte <- matrix(rnorm(ntr,mean=mte,sd=sdte))
> yte <- f(xte) + rnorm(ntr,sd=2)
```

データ xtr, ytr, xte が観測されたとき，まず，トレーニングデータ点 $x_1, \ldots, x_n$ 上での密度比を推定します．

```
> # トレーニングデータ点上での密度比を推定
> predw <- predict.DR(kernDR(xtr,xte),xtr)
> # 重み付き最小2乗法で回帰パラメータを推定
> W <- sqrt(diag(predw))
> X <- cbind(1,xtr)
> WX <- W %*%X; WY <- W %*% ytr;
> estTheta <- c(solve(t(WX)%*%WX, t(WX)%*%WY))
```

変数 estTheta に (θ_0, θ_1) の推定結果が格納されています．結果を図 14.7 に示します．密度比推定を用いる重み付き最小2乗法により，目標となる関数をテストデータ点上で精度良く近似していることが分かります．

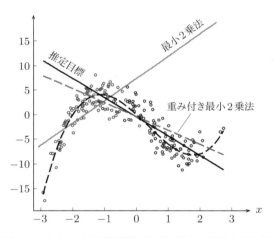

図 14.7　共変量シフトのもとでの回帰関数の推定：最小2乗法と重み付き最小2乗法

14.5　2 標本検定

密度比を用いた2標本検定を考えましょう．次のようにデータが得られているとします．

$$x'_1, \ldots, x'_m \underset{\text{i.i.d.}}{\sim} p_\text{n}(x), \quad x_1, \ldots, x_n \underset{\text{i.i.d.}}{\sim} p_\text{d}(x)$$

このとき，データから分布 $p_\text{n}(x), p_\text{d}(x)$ が等しいかどうかを検定することを考えます．

検定　$H_0: p_\mathrm{n} = p_\mathrm{d},\quad H_1: p_\mathrm{n} \neq p_\mathrm{d}$ \hfill (14.4)

分布 $p_\mathrm{n}(\boldsymbol{x}), p_\mathrm{d}(\boldsymbol{x})$ に対して正規分布などの統計モデルは仮定しません．データ $\boldsymbol{x}$ が 1 次元のときは，7 章で紹介したようにウィルコクソンの順位和検定，コルモゴロフ-スミルノフ（KS）検定などの方法があります．一方，データ $\boldsymbol{x}$ が多次元の場合については，KS 検定の多次元拡張やカーネル埋め込みを使う方法などがあり，現在もさまざまな研究が進行中です．ここでは，密度比を用いる方法を紹介します．

まず，密度比を用いて分布 $p_\mathrm{d}(\boldsymbol{x}), p_\mathrm{n}(\boldsymbol{x})$ の間の「距離」を推定します．密度比の推定量 $\widehat{w}(\boldsymbol{x})$ を使うと，分布間の L_1 距離は次のように推定できます．

$$\int |p_\mathrm{d}(\boldsymbol{x}) - p_\mathrm{n}(\boldsymbol{x})| d\boldsymbol{x} = \int \left|1 - \frac{p_\mathrm{n}(\boldsymbol{x})}{p_\mathrm{d}(\boldsymbol{x})}\right| p_\mathrm{d}(\boldsymbol{x}) d\boldsymbol{x} \approx \frac{1}{n} \sum_{i=1}^{n} |1 - \widehat{w}(\boldsymbol{x}_i)|$$

L_1 距離の推定値 $\widehat{L}_1$ を

$$\widehat{L}_1 = \frac{1}{n} \sum_{i=1}^{n} |1 - \widehat{w}(\boldsymbol{x}_i)|$$

とおきます．

もし $\widehat{L}_1$ の値が十分大きければ，式 (14.4) の帰無仮説 H_0 を棄却します．有意水準を考慮するために，並べ替え検定を用います．並べ替え検定の手順を図 14.8 に示します．並べ替え検定は，二つのデータセットが同じ分布から生成されているとき，$\widehat{L}_1$ がどのように分布するかをシミュレートすることに相当します．

数値例を示しましょう．分布 $p_\mathrm{n}, p_\mathrm{d}$ は，ともに 16 次元の多変量標準正規分布 $N_{16}(\boldsymbol{0}, I)$ とします．並べ替え検定の繰り返し数を 1000 回とし，推定された L_1 距離の分布を求めます．標準的な方法として，正規分布のもとで信頼性の高い検定法であるホテリングの T^2 検定の結果も示しましょう．図 14.9 から分かるように，どちらの方法でも，有意水準 5% では帰無仮説は棄却されません．帰無仮説 H_0 が正しいので，結果は妥当です．

次に，mlbench パッケージの LetterRecognition データセットを用いた結果を示します．このデータは，アルファベットの手書き文字を 16 次元の特徴量で表現したものです．ここでは，データセットから "C" と "G" のデータを取り出し，これに対して R を使って 2 標本検定を行います．データセットをそのまま

第 14 章 密度比推定

■ 並べ替え検定

step 1. 二つのデータセット $x_1, \ldots, x_n$ と $x'_1, \ldots, x'_m$ を合併する．

$$S = \{x_1, \ldots, x_n, x'_1, \ldots, x'_m\}$$

step 2. 合併したデータセット S を，n 個のデータセット S_d と m 個のデータセット S_n にランダムに分割する．

step 3. S_d を p_d から生成されたデータ，S_n を p_n から生成されたデータと想定し，L_1 距離を推定する．この結果を $\widetilde{L}_1$ とする．

step 4. step 2, 3 を繰り返し，$\widetilde{L}_1$ の分布関数 $\widetilde{F}(L)$ を得る．

step 5. 実際のデータから計算した $\widehat{L}_1$ の上側確率 $1 - \widetilde{F}(\widehat{L}_1)$ を計算する．この値を p 値の近似値とする．

step 6. $1 - \widetilde{F}(\widehat{L}_1)$ が設定した有意水準より小さければ，H_0 を棄却する．

図 14.8 並べ替え検定の手順

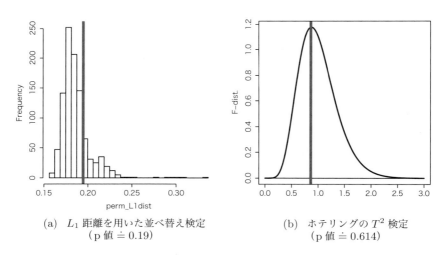

(a) L_1 距離を用いた並べ替え検定
(p 値 $\doteqdot$ 0.19)

(b) ホテリングの T^2 検定
(p 値 $\doteqdot$ 0.614)

図 14.9 同じ多変量正規分布に従う 2 標本データの検定

使う場合と，各座標軸で平均 0 と分散が 1 になるようにデータをスケーリングした場合について，L_1 距離推定に基づく並べ替え検定とホテリングの T^2 検定を適用します．データをスケーリングする場合は平均と分散が一致するので，ホテリングの T^2 検定では帰無仮説が棄却されないと考えられます．

まず，必要なパッケージなどの準備をします．ホテリングの T^2 検定は，Hotelling パッケージの **hotelling.test** で提供されています．必要なら **install.packages** でインストールしてください．

```
> # 必要なパッケージなどを読み込み
> library(kernlab)
> library(mlbench)
> library(Hotelling)
> library(doParallel)                   # foreach を使う
> cl <- makeCluster(detectCores())      # クラスタの作成
> registerDoParallel(cl)
> source('funcDR.r')
```

次に，データセットを準備します．データ数は $m = n = 300$ とします．まずはオリジナルのデータを使って検定をします．

```
> n <- 300; m <- 300                                    # データ数
> data(LetterRecognition); d <- LetterRecognition       # データ読み込み
> de <- as.matrix(d[d[,1]=='C',-1])
> de <- de[sample(nrow(de),n),]                         # データ行列 de 生成
> nu <- as.matrix(d[d[,1]=='G',-1])
> nu <- nu[sample(nrow(nu),m),]                         # データ行列 nu 生成
```

ホテリングの T^2 検定の p 値は以下のような小さい値になり，帰無仮説を棄却することになります．

```
> hotelling.test(de,nu)$pval
[1] 0
```

次に，L_1 距離の推定を使った検定を行います．並べ替え検定の繰り返し数は 10000 とします．

```
> res      <- kernDR(de,nu)                              # 密度比の推定
> L1distEst <- mean(abs(1-predict.DR(res,de)))           # L1 距離の推定
> # 並べ替え検定の繰り返し数を設定．時間がかかるなら小さい値にする
> nperm <- 10000
> system.time(                                           # 計算時間を計測
> permL1dist <- foreach(i=1:nperm,.combine=c,
+                             .packages="kernlab")%dopar%{   # 並列計算
+   # データを合併して並べ替え
+   idx <- which(sample(c(rep(0,nrow(nu)),rep(1,nrow(de))))==1)
+   perm_de <- rbind(de,nu)[ idx,,drop=FALSE]
+   perm_nu <- rbind(de,nu)[-idx,,drop=FALSE]
+   # L1 距離を推定
+   res <- kernDR(perm_de,perm_nu)                       # 密度比の推定
+   dr  <- predict.DR(res,perm_de)                       # de 上での密度比の値
+   mean(abs(1-dr))                                      # L1 距離を推定
+ })
   user  system elapsed                                  # 計算時間は 37.6 秒ほど
  5.252   0.458  37.645
> mean(L1distEst < permL1dist)                           # 並べ替え検定による p 値
[1] 0
```

オリジナルのデータでは，どちらの検定も p 値は（ほぼ）0 になります．よって，同じ分布に従うという帰無仮説 H_0 は棄却されます．

次に，de, nu を **scale** でスケーリングして得られるデータに対して検定を行います．ホテリングの T^2 検定は p 値が（ほぼ）1 となり，帰無仮説 H_0 は棄却しません．

```
> de <- scale(de)
> nu <- scale(nu)
> hotelling.test(de,nu)$pval
[1] 1
```

同様に，L_1 距離の推定を使った検定を行います．R での計算手順は，スケーリングしていないデータの場合と同じなので省略します．p 値は（ほぼ）0.0029 になります．この結果，帰無仮説 H_0 は棄却されます．

```
> res    <- kernDR(de,nu)                        # 密度比の推定
> L1distEst <- mean(abs(1-predict.DR(res,de)))   # L1 距離の推定
> # ・・・ 省略 ・・・
> mean(L1distEst < permL1dist)                   # 並べ替え検定による p 値
[1] 0.0029
> stopCluster(cl)                                # 並列計算を終了
```

密度比推定による L_1 距離の推定量を使うと，平均や分散より高次の統計量の違いを検出して検定を行えます．

付録：ベンチマークデータ

UCI Machine Learning Repository

UCI Machine Learning Repository (https://archive.ics.uci.edu/ml/index.php) は，さまざまなタイプの統計データのアーカイブです．しばしば UCI データを使って，機械学習アルゴリズムの性能評価が行われます．各データセットのデータ数，教師あり/なし，次元などの情報が分かりやすくまとめられています．

mlbench

mlbench は R のパッケージとして提供されています．**install.packages** でインストールできます．UCI データセットの中でも，ベンチマークとしてよく用いられるデータセットを提供しています．また，データを生成する関数も実装しているので，判別データなどを簡単に生成できます．

```
> library(mlbench)
> data(BreastCancer)      # よく使われるベンチマークデータ
> BreastCancer[1:3,]      # 表示は省略
```

```
> # 判別データの生成・プロット（表示は省略）
> plot(mlbench.2dnormals(100, cl=3))
```

datasets

mlbench と同様に，さまざまな種類のデータセットを含む R のパッケージです．通常，R を起動すると自動的に読み込まれます．iris（フィッシャーのアヤメのデータ）などが含まれます．

```
> # データセットのリストを表示（表示は省略）
> library(help='datasets')
```

参考文献

[1] 間瀬茂：『R プログラミングマニュアル：R バージョン 3 対応 第 2 版』（新・数理/工学ライブラリ：情報工学），数理工学社，2014．

[2] 福島真太朗：『R によるハイパフォーマンスコンピューティング』，ソシム，2014．

[3] 山田剛史，杉澤武俊，村井潤一郎：『R によるやさしい統計学』，オーム社，2008．

[4] 東京大学教養学部統計学教室 編：『統計学入門』（基礎統計学 I），東京大学出版会，1991．

[5] 山本義郎，藤野友和，久保田貴文：『R によるデータマイニング入門』，オーム社，2015．

[6] 金明哲：『R によるデータサイエンス：データ解析の基礎から最新手法まで』，森北出版，2017．

[7] T. Hastie, R. Tibshirani, J. Friedman 著，杉山将，井手剛ほか 監訳：『統計的学習の基礎：データマイニング・推論・予測』，共立出版，2014．

[8] 杉山将：『イラストで学ぶ機械学習：最小二乗法による識別モデル学習を中心に』，講談社，2013．

[9] 金森敬文，竹之内高志，村田昇：『パターン認識』（R で学ぶデータサイエンス 5），共立出版，2009．

[10] 竹内啓 編：『統計学辞典』，東洋経済新報社，1991．

[11] B. S. Everitt and T. Hothorn: *A Handbook of Statistical Analyses Using R*, 2nd edition, Chapman and Hall, 2009.

[12] 金森敬文，鈴木大慈，竹内一郎，佐藤一誠：『機械学習のための連続最適化』（機械学習プロフェッショナルシリーズ），講談社，2016．

[13] 辻谷將明，竹澤邦夫：『マシンラーニング 第 2 版』（R で学ぶデータサイエンス 6），共立出版，2015．

[14] 赤穂昭太郎：『カーネル多変量解析：非線形データ解析の新しい展開』（シリーズ確率と情報の科学），岩波書店，2008．

[15] U. von Luxburg: "A tutorial on spectral clustering", *Statistics and Computing*, 17(4):395–416, 2007.

[16] A. Karatzoglou, A. Smola, K. Hornik, and A. Zeileis: "kernlab – an S4 package for kernel methods in R", *Journal of Statistical Software*, 11(9):1–20, 2004.

[17] B. Schoelkopf and A. J. Smola: *Learning with Kernels: Support Vector Machines, Regularization, Optimization, and Beyond*, The MIT Press, 2001.

[18] 竹内一郎, 烏山昌幸：『サポートベクトルマシン』（機械学習プロフェッショナルシリーズ），講談社, 2015.

[19] T. Hastie, R. Tibshirani, and M. Wainwright: *Statistical Learning with Sparsity: The Lasso and Generalizations*, Chapman and Hall/CRC, 2015.

[20] 冨岡亮太：『スパース性に基づく機械学習』（機械学習プロフェッショナルシリーズ），講談社, 2015.

[21] 宮川雅巳：『グラフィカルモデリング』（統計ライブラリー），朝倉書店, 1997.

[22] T. G. Dietterich: "Ensemble methods in machine learning", In *Proceedings of the First International Workshop on Multiple Classifier Systems*, MCS '00, pp. 1–15, Springer-Verlag, 2000.

[23] T. M. Therneau and E. J. Atkinson: "An introduction to recursive partitioning using the rpart routines", 1997.

[24] Z.-H. Zhou 著, 宮岡悦良, 下川朝有 訳：『アンサンブル法による機械学習：基礎とアルゴリズム』，近代科学社, 2017.

[25] J. Friedman, T. Hastie, and R. Tibshirani: "Additive logistic regression: a statistical view of boosting", *Annals of Statistics*, 28:2000, 1998.

[26] C. E. Rasmussen and C. K. I. Williams: *Gaussian Processes for Machine Learning (Adaptive Computation and Machine Learning series)*, The MIT Press, 2005.

[27] E. Brochu, V. M. Cora, and N. de Freitas: "A tutorial on Bayesian optimization of expensive cost functions, with application to active user modeling and hierarchical reinforcement learning", Technical report, University of British Columbia, Department of Computer Science, 2009.

[28] C. M. Bishop 著, 元田浩, 栗田多喜夫ほか 監訳：『パターン認識と機械学習（上）』，丸善出版, 2012.

[29] 井手剛, 杉山将：『異常検知と変化検知』（機械学習プロフェッショナルシリーズ），講談社, 2015.

[30] M. Sugiyama, T. Suzuki, and T. Kanamori: *Density Ratio Estimation in Machine Learning*, Cambridge University Press, 2012.

[31] T. Kanamori, T. Suzuki, and M. Sugiyama: "Statistical analysis of kernel-based least-squares density-ratio estimation", *Machine Learning*, 86(3):335–367, 2012.

コマンド・関数索引

■ ?（マニュアル参照）
?Arithmetic（基本的な演算） 5
?base::Logic（論理演算子） 5
?Comparison（比較演算子） 5
?Control（制御コマンド） 13

■ ada パッケージ
ada（アダブースト） 203

■ adabag パッケージ
bagging（バギング） 197
boosting（アダブースト） 203

■ base パッケージ
%*%（行列積） 11
apply 81
c 7
chol 11
colMeans 56
colSums 56
data.frame 10
diag 11
dim 6
eigen 11
for 13
function 12
length 6
matrix 10
max 12
mean 12
min 12
outer 50
q 4
rep 7
rowMeans 56
rowSums 56
sample 20
search 5
seq 15
solve 11
source 14
sum 12
svd 11
t 11
vector 10
which 7
while 13

■ Bolstad パッケージ
sintegral 57

■ car パッケージ
Davis 61, 113
UN 111

■ CVST パッケージ
constructData 126
constructKRRLearner（カーネル回帰） 126
getN 126

■ datasets パッケージ
iris 10
morley 73

■ doParallel パッケージ
registerDoParallel 53

■ foreach パッケージ
foreach 53

■ genlasso パッケージ
fusedlasso1d（フューズドラッソ：1次元） 175
fusedlasso2d（フューズドラッソ：2次元） 176

コマンド・関数索引

■ glmnet パッケージ

`glmnet`（ラッソ） 170
`glmnet`（リッジ回帰） 119

■ graphics パッケージ

`curve` 14
`image` 188
`plot` 14

■ HDclassif パッケージ

wine 131, 144

■ Hotelling パッケージ

`hotelling.test`（ホテリングの T^2 検定） 247

■ HSAUR3 パッケージ

voting 70

■ huge パッケージ

`huge`（グラフィカルラッソ） 182
`huge.generator` 182
stockdata 182

■ jpeg パッケージ

`readJPEG` 176

■ kernlab パッケージ

`gausspr`（ガウス過程モデル：回帰） 219
`gausspr`（ガウス過程モデル：判別） 224
`kernelMatrix` 125, 217, 235
`kkmeans`（カーネル k 平均法） 135
`ksvm`（サポートベクトルマシン） 154
`sigest` 165
spam 207
`specc`（スペクトラルクラスタリング） 140

■ MASS パッケージ

`isoMDS`（非計量的 MDS） 69
`rlm`（ロバスト推定） 114

■ mclust パッケージ

`Mclust`（混合正規分布によるクラスタリング） 144

■ mlbench パッケージ

BostonHousing 64
BreastCancer 251
LetterRecognition 245
`mlbench.2dnormals` 155
`mlbench.circle` 135
`mlbench.spirals` 141, 224

■ png パッケージ

`readPNG` 188

■ randomForest パッケージ

`randomForest`（ランダムフォレスト） 199

■ rBayesianOptimization パッケージ

`BayesianOptimization`（ベイズ最適化） 227

■ rpart パッケージ

`rpart`（決定木） 193
stagec 193

■ rpart.plot パッケージ

`rpart.plot` 194

■ spams パッケージ

`spams.im2col_sliding` 188
`spams.trainDL`（辞書学習） 189

■ stats パッケージ

`anova` 104
`aov`（分散分析） 104
`cmdscale`（計量的 MDS） 67
`cor` 34
`dist` 67
`dnorm` 25
`factanal`（因子分析） 64
`kmeans`（k 平均法） 131
`ks.test`（KS 検定） 101
`lm`（最小 2 乗法） 112
`na.omit` 112
`optim` 82
`optimize` 82
`pnorm` 25
`prcomp`（主成分分析） 61
`qbeta` 27

```
qchisq    27
qnorm     26
qt        27
rbeta     25
rchisq    25
rnorm     25
rt        25
runif     53
smooth.spline    53
t.test（t 検定）    96
var       34
wilcox.test（順位和検定）    100
```

■ utils パッケージ

```
demo    4
install.packages    4
update.packages     5
```

■ xgboost パッケージ

```
xgb.cv（XGBoost の交差検証法）    206, 212
xgb.train（XGBoost）    211
xgboost（XGBoost）     203
```

用語索引

■ 数字

0-1 損失　48
1 シグマ区間　25
2 シグマ区間　25
2 乗誤差　47
2 標本検定　98, 244

■ 英字

AUC　55
BIC　88, 144
EM アルゴリズム　84, 144
k 平均法　130
MDS（多次元尺度構成法）　66
PCA（主成分分析）　59
p 値　95
ROC 曲線　55
SVM（サポートベクトルマシン）　150
t 分布　25
XGBoost　203

■ あ行

アダブースト　203, 209
一対一法　161
因子負荷行列　63
因子分析　63
上側信頼限界　226
エラスティックネット　172

■ か

カーネル k 平均法　134
カイ 2 乗分布　25
回帰関数　110
回帰分析　39
ガウスカーネル　124
ガウス過程モデル　215
過学習　117
学習誤差　49
獲得関数　226
確率密度関数　21
仮説検定　93

■ き

棄却域　94
期待改善量　226
期待値　24
帰無仮説　93
教師あり学習　39
教師なし学習　42
偽陽性率　54
共通因子　63
共分散　32
共変量シフト　241
局所性保存射影　139

■ く

クラスタリング　43
グラフィカルラッソ　181
グラフラプラシアン　138
グラム行列　124
群間変動　104
群内変動　104

■ け

決定株　202
決定木　191
検証誤差　52

■ こ

交差検証法　51, 238
勾配ブースティング　203, 209
コルモゴロフースミルノフ検定　99
混合正規分布　144
混合モデル　84

■ さ

最小 2 乗法　111
最尤推定　77
座標降下法　209
サポートベクトルマシン　150

■ し

次元削減　42
事後分布　90
辞書　185
辞書学習　186
事前分布　90
弱学習器　202
周辺確率密度関数　29
主成分得点　60
主成分分析　59
主成分ベクトル　60
順位和検定　99
条件付き確率　35
条件付き確率密度関数　35
真陽性率　54

■ す

スパース学習　167
スパース性　167
スパースロジスティック回帰　178
スペクトラルクラスタリング　136

■ せ

正規分布　22, 25
正則化項　118
正則化パラメータ　118
絶対値誤差　48
線形カーネル　124
線形回帰モデル　109
線形分離可能　150
線形分離不可能　150

■ そ

相関係数　32
総変動　104
ソフトマージンサポートベクトルマシン　153
損失関数　44

■ た

対数損失　48
対数尤度関数　78
対立仮説　93
多項式カーネル　124
多次元確率変数　28
多次元尺度構成法　66, 142

■ て

データ行列　111
テスト誤差　48

■ と

統計モデル　74
独自因子　63
独立　30
トレーニング誤差　49

■ な行

ニュートンブースティング　203, 210
ノンパラメトリック検定　99

■ は

バギング　196
判別関数　149
判別器　148
判別問題　39

■ ひ

標準偏差　24
標本空間　18

■ ふ

ブースティング　202
ブートストラップ法　196
フーバー損失　115
符号付き順位和検定　100
負の対数尤度（対数損失）　48
フューズドラッソ　174
分位点　26
分散　24
分散共分散行列　33
分散分析　103
分布関数　22

■ へ

ベイズ最適化　225
ベイズ推定　90
ベイズの公式　36, 90
ベータ分布　25
変数選択　42

■ ま行

マージン最大化基準　151

マダブースト　209
密度比　231

■ や行

有意水準　94
尤度関数　78
尤度方程式　79
予測誤差　48

■ ら

ラッソ　169
ラプラスカーネル　124

ランダムフォレスト　199

■ り

リッジ回帰　118, 169

■ る

累積寄与率　60

■ ろ

ロジットブースト　203, 209
ロバスト推定　113

〈著者略歴〉

金森　敬文（かなもり　たかふみ）
現　在　東京工業大学情報理工学院教授
　　　　理化学研究所 革新知能統合研究センターチームリーダー
　　　　博士(学術)

■ 主な著書
『統計的学習理論（機械学習プロフェッショナルシリーズ）』（講談社，2015）［単著］
『機械学習のための連続最適化（機械学習プロフェッショナルシリーズ）』（講談社，2016）
『パターン認識（Rで学ぶデータサイエンス5）』（共立出版，2009）
『ブースティング ―学習アルゴリズムの設計技法（知能情報科学シリーズ）』（森北出版，2006）
[以上，共著]

- 本書の内容に関する質問は，オーム社書籍編集局「（書名を明記）」係宛に，書状または FAX（03-3293-2824），E-mail（shoseki@ohmsha.co.jp）にてお願いします．お受けできる質問は本書で紹介した内容に限らせていただきます．なお，電話での質問にはお答えできませんので，あらかじめご了承ください．
- 万一，落丁・乱丁の場合は，送料当社負担でお取替えいたします．当社販売課宛にお送りください．
- 本書の一部の複写複製を希望される場合は，本書扉裏を参照してください．
JCOPY ＜(社)出版者著作権管理機構 委託出版物＞

Rによる機械学習入門

平成 29 年 11 月 20 日　第 1 版第 1 刷発行

著　者　金森敬文
発行者　村上和夫
発行所　株式会社オーム社
　　　　郵便番号 101-8460
　　　　東京都千代田区神田錦町 3-1
　　　　電話 03(3233)0641(代表)
　　　　URL http://www.ohmsha.co.jp/

© 金森敬文 2017

組版　グラベルロード　　印刷・製本　千修
ISBN978-4-274-22112-5　Printed in Japan

関連書籍のご案内

Rで統計学を学ぼう！

Rによる実証分析
―回帰分析から因果分析へ―

回帰分析の「正しい」使い方をRで徹底解説！

【このような方におすすめ】
・統計分析に携わるビジネスパーソンや
　コンサルタント、学生

- 星野 匡郎・田中 久稔 共著
- A5判・276頁
- 定価（本体2,700 円【税別】）

Rによるデータマイニング入門

【このような方におすすめ】
・R でデータマイニングを実行してみたい方
・データ分析部門の企業内テキストとしてお探しの方

- 山本 義郎・藤野 友和・久保田 貴文　共著
- A5判・244頁
- 定価（本体2,900 円【税別】）

現実のデータマイニング事例をRで分析！

マーケティング分野の統計学の活用法を学ぶ！

Rで学ぶ統計データ分析

【このような方におすすめ】
・統計学を学ぶ文系の学生
・統計分析に R を使いたい方

- 本橋 永至 著
- A5判・272頁
- 定価（本体2,600 円【税別】）

もっと詳しい情報をお届けできます。
◎書店に商品がない場合または直接ご注文の場合は
右記宛にご連絡ください。

ホームページ　http://www.ohmsha.co.jp/
TEL／FAX　TEL.03-3233-0643　FAX.03-3233-3440

（定価は変更される場合があります）